（奥）阿尔弗雷德·阿德勒◎著

付晓◎译

煤炭工业出版社

·北　京·

图书在版编目（CIP）数据

自卑与超越 /（奥）阿尔弗雷德·阿德勒著；付晓译.
-- 北京：煤炭工业出版社，2017（2021.6 重印）
ISBN 978-7-5020-6133-3

Ⅰ.①自… Ⅱ.①阿… ②付… Ⅲ.①个性心理学
Ⅳ.①B848

中国版本图书馆 CIP 数据核字（2017）第 240831 号

自卑与超越

著　　者　（奥）阿尔弗雷德·阿德勒
译　　者　付　晓
责任编辑　刘少辉
封面设计　胡椒书衣

出版发行　煤炭工业出版社（北京市朝阳区芍药居 35 号　100029）
电　　话　010-84657898（总编室）
　　　　　　010-64018321（发行部）　010-84657880（读者服务部）
电子信箱　cciph612@126.com
网　　址　www.cciph.com.cn
印　　刷　北京楠萍印刷有限公司
经　　销　全国新华书店

开　　本　880mm×1230mm 1/32　**印张**　9　**字数**　260 千字
版　　次　2017 年 10 月第 1 版　2021 年 6 月第 3 次印刷
社内编号　9013　　**定价**　38.80 元

目录

CONTENTS

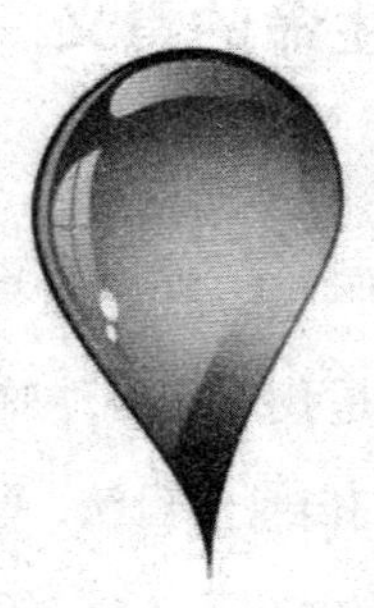

第一章　人生的意义

生命的意义

我们生活在充满各种“意义”的世界里,所经历的种种事物,并不是抽象的存在，而是我们切身体验过的。就算是最原始的经历，其实也受限于我们自身的看法，譬如我们口中的“木头”，其实是指“与人类相关的木头”，而“石头”指的则是“作为人类生活中因素之一的石头”。如果有人试图在“意义”之外考虑环境，那么他势必会因此与各种事情产生隔离，而他的行动对于人们和自己都不会有什么好处。所以说，没有人可以脱离“意义”而存在，毕竟每个人都是先通过自身赋予现实意义，而后产生对现实的感知。准确地说，我们所能感受到的现实，不是现实本身，而是经过我们阐释的现实。因此，我们理应做出这样的判断：意义，有可能是没有终结的、不完整的，甚至是不完全正确的，所以，意义的领域其实是充满错误的领域。

如果有人问你：“生命的意义是什么？”你很可能会哑口无言。实际上绝大多数人在现实生活中压根不会去思考这个问题，抑或尝试着寻求问题的答案。这个问题自人类出现以来就一直存在，当下依然会有人，不论年轻或是年老，有时候还是会问："活着是为了什么？什么是生命的意义？"但是多数情况是，他们只有在逆境之中才会想起这样的问题。若是生活一帆风顺，没有坎坷与考验，这些问题他们就绝不会提出来。人们提出这些问题，并希望找到答案，这在所难免。假如我们对一切言辞都充耳不闻，只是专注于观察行为，便会发现：任何人都有独属于自己的"生命的意义"，而且每个人的观点、态度、行为、表情、礼仪、抱负、习惯及个性等，都与这一意义异常吻合。任何人的言行举止似乎都是在传达他对生命的某种阐释深信无疑，并蕴藏着他对这个世界及自身的看法。这是他作出的定义："我就是这样，世界就是那样。"这便是人们赋予自己的意义以及赋予生命的意义。

仁者见之谓之仁，智者见之谓之智。生命的意义有无数种可能，不过如我们所说，每种意义都可能有不实之处。然而又没有人知道生命的绝对意义，所以只要是能为我所用的意义就不能说是完全错误的。这是我们所能发现的两种极端，所有的意义都介于此间，当然我们也都明白：有些意义很有用，有些却较糟糕，有些是小错，有些却是大错特错。我们还能发现什么是较好的阐释所共同具备的因素，什么是那些较差的阐释所缺少的因素，从而从中找到真理的某个公共尺度，某种公共的意义。这个意义能帮助我们进一步解释与人有关的现实社会。

在此，我们必须要牢记的是:“真”是针对人类而言，针对人类的计划和意图而言。此外别无真理。即使有，也与我们无关，因为我们无法了解，便毫无意义。

与生俱来的三重束缚

任何人从生命伊始便受限于三重束缚，并且在漫长的生活中时刻都会感受到。这三重束缚构成了现实，而人们面对的所有问题都源于这三重束缚。这些问题无时无刻不在我们身边，我们因此总要被迫去回答并做出处理。而从不同人的答案里，我们就能发现不同人对生命意义的看法。

我们都生活在地球上，而非他处。这是第一重束缚。我们尽量利用和遵循地球上的各种资源和规律生存着。为了能在地球上维持自身的生命、延续人类繁衍，我们必须发展身体和精神，这是个无法逃避的命题，它向每个人提出挑战。任何行为都是我们对人类生命状况的回答，揭示了我们所认为的必要、合适、可能和可取的任何事情。每个人都是人类的成员之一，人类居住在地球上，于是我们给出的任何答案，都不得不基于这一事实。

如果考虑到人类身体的脆弱以及它所带来的潜在危险，那么对答案做出重新评价就极其重要了。为了我们自身的生命和人类的利益，我们必须要让这些答案富有远见并且前后一致。就好像做一道数学题，寻找答案是不能靠运气或猜测的，而必须努力用尽所有能力坚定地去解决这件事情。我们不太可能找到或建立一个一劳永逸的真理，给出各种问题绝对完美的答案，我们必须用尽所有才能去找到相似的答案。同时，我们还要为找到更完美的答案而坚持不懈地奋斗。当然，我们受到在地球上的限制，会面对各种有利与不利，这是所有答案都需要考虑的事实。

第二重束缚是：没有人是唯一的，我们身边还有其他人，我们与他人息息相关。个人的存在形式总是脆弱的，受到种种限制，这使得我们无法孤身奋战去实现自己的目标。倘若一个人独自生活，独自解决他的问题，那么他最终只会走向灭亡。他既不能延续自己的生命，也无法延续人类的繁衍。因为个人的脆弱、缺陷和受限，人总是要与他人相联的。人们对于自身和人类利益的最大贡献，就在于人与人之间的联系。因此，对于现实中种种问题的回答，也都必须基于这个束缚之上。我们的生活处处与人相联，孤独而居便会消亡。要在这个与他人共同居住的星球上，延续自己的生命及全人类的生命——我们的生活与情感都必须要和这个最大的问题、计划和目标相协调。

我们还受限于第三重束缚：人类由两性构成。不论是个人还是团体生命的维持都必须要面对这一事实。爱情和婚姻正属于这个范畴。不论男性还是女性，每个人的生命都会受此制约。

而对这一问题，人们的所作所为就是现实的答案。人们总有众多不同的方式可以解决这一问题，而一个人的行为总是能揭示出他所相信的唯一的解决方式。

这三重束缚形成三大问题：第一，我们在地球上受到种种限制，如何才能在限制下找到谋生之道呢？第二，如何在人群中寻找到一个位置，用以合作并分配利益？第三，两性关系是人类的延续的依赖条件，我们如何调整自我去适应这一事实呢？

个体心理学认为，人类所面临的一切问题主要归为三类：职业类、社会类和两性类。个人赋予生命意义的阐释，无一例外地会显现在个人对于这三大类问题的反应之中。譬如，如果有一个人，没有爱情或情场失意，工作平庸，朋友不多，而且还认为与人相处是件愁苦的事情，那么从他在生活中甘愿承受的这些束缚来看，我们不难推断出：他认为“活下去”是件艰难且危险的事，看不到机会与希望，内心深感挫败。这样的人生活范围狭窄——这也可以解释为他表达了这样的人生观：“生命意味着要保护自己不受伤害，于是画地为牢，远离他人以自我保护。”

与之相反，如果一个人的爱情美满、工作优秀、朋友众多、兴趣广泛，在生活中成果累累，我们几乎可以断言：这个人将生命看做富有创造力的事情，他会认为生活中充满机遇，并且没有什么无法克服的挫折。于是在面对生活里的各种问题时，他总是充满勇气——这可以诠释为他的观点：“生命的意义在于对同类感兴趣，作为人类的一员，为人类幸福贡献自己的一份力量。”

社会感

我们可以发现，所有错误的“生命的意义”有着共同点，所有正确的“生命的意义”也有着共同点。所有的失败者，比如神经症患者、精神病患者、罪犯、问题儿童、自杀者，等等，之所以失败是因为他们缺少同类相处的能力和参与社会的兴趣。他们在处理工作、朋友和两性关系的问题时，并不认为可以通过相互合作的方式来解决。他们赋予生命意义的阐释，是基于个人化的意义，但实际上任何人都无法从个人成就中获益。这种人的生活目标实际上只是要谋求一种虚假的个人优越感，而他们认定的成功通常也只对他们个人有某种意义。

这就好比，杀人犯认为武器在手时会有一种权力感，但是很明显，他们只能让自己相信武器在手的重要性，而对其他人来说，手拿武器压根不能丝毫提高自身的价值。换句话说 ，单纯属于个人的意义，事实上就是毫无意义。我们的意图和行为亦复如是： 它们的真正意义在于对于他人的意义。每个人都想努力让自己变得重要，但重要性的认定，是在于对他人所做出的贡献。如果我们没有意识到这一点，终将误入歧途。

有一则关于一位小宗教团体领袖的故事。某天，这位女领袖将所有教友召集起来，告诉大家下周三就是世界末日。教友们恐慌不已，立即变卖了所有财产，抛弃所有生活事务，不安地等待着灾难的到来。周三到来了，又过去了，什么事都没发生。于是周四的时候，大家要求这位领袖做出解释："看看你给我们带来了多大的麻烦，我们变卖了所有财产，告诉遇见的每个人，周三就是世界末日，在面对嘲讽时，我们还坚定不移地申明消息的可靠性。但是周三过去了，世界什么都没有改变！"这位领袖回答说："我的周三与你们的周三不相同！"就这样，她用个人的意义来逃避了谴责，因为个人的意义是无法考证的。

"生命的意义"真正的标准在于，拥有共同性——是他人能够分享的意义，也是他人能够接受的意义。一个真正能够解决生活难题的有效方法，必然也会为他人所用，因为我们可以从中总结经验，用曾经成功过的办法来解决一些具有共同性的问题。即使是天才，也只能用具有某种"卓著有效性"来定义，因为只有当别人或人们认为某个人的存在对于自己或人类极为重要时，我们才称其为天才。这样的生命所显现出的意义必然是在于给集体做出贡献。在此，我们指的贡献，不是口头上所宣称的动机，我们不管如何宣称，而只关注真正的成就。可以成功地解决生活中种种问题的人，从他的行为举止不难看出，他个人已完全自发地认知到：生命的意义在于关注他人以及与人合作。他所做的每一件事,都可以说是为其同类的利益所指引,而他克服困难解决问题所用的方法,也不会损害他人的利益。

对很多人而言,这可能是一种新观点——生命的意义在于奉献,关注他人,并且相互合作。也许会有人怀疑我们这样的说法是否正确,也许会问:“那个体怎么办?要是一个人总想着他人,总是为他人的利益默默奉献,岂不是与自身个性有冲突?为了个体适当的发展,至少应当先考虑一下自己吧!难道不应该先学会保护自己的利益,或者先加强自己的个性吗?”

我认为这种观点是极其错误的,所提出的命题也是错误的。如果一个人根据他自身所赋予生命的意义,希望对他人做出贡献,并且他的所有情感都指向这个目标,他必然会选择自己可以做出最大贡献的方式去发展。他会调整自己,适应目标,从而培养出一种社会感,并通过反复练习,对这种感受愈加熟悉。一旦确立了目标之后,随之是学习,开始充实自我,以解决生活中的种种问题,并努力发挥自身的能力。就拿爱情和婚姻来说吧,如果我们深爱着自己的伴侣,便会竭尽全力为他们创造惬意充实的生活,同时我们自己也自然而然地将潜力与才华发挥得淋漓尽至。如果有人想脱离他人和集体,凭空释放个性,他最终只会变得嚣张跋扈,却得不到一丝快乐。

生命的意义在于奉献与合作,从另一点也可得到见证。我们回想一下,从祖先留下来的遗产中,都能看到些什么呢?他们留下来的,无一不是为人类生活做出的贡献。那些被耕种过的土壤，那些公路和建筑，那些传统文化和哲学经典，那些科学艺术和生活技能，从中我们看到了先辈们生活经历结出的果实，也正是从他们那里，我们收获了这些宝贵的遗产。

还有一部分人怎样了呢？那些从不与人合作、对生命另赋他意、只会追问“生命给了我什么”的人，最后是怎样的结局呢？显然，他们的生命没有在历史的长河中留下一丝痕迹——不仅已经死去，并且劳而无功。如果地球会说话，大概会对他们说：“我们不需要你们这群人，你们压根不配拥有生命，你们想要的和想做的，你们的价值观，你们的灵魂和心灵，全都没有未来可言。你们不受欢迎！消失吧！”对于那些对生命的意义做出其他判断的人，我们最后的定义是：“你终将一无是处，终将无人需要！”当然，当下的社会还存在许多不完美的地方，我们一旦发现，必须想办法改变，但是这些改变也必须以为人类造福为前提。

明白这个观点的人很多，他们深知：生命的意义在于对人群发生兴趣，并努力培养自身的社会感和爱心。我们会发现，所有的宗教都会关注拯救人类的问题，在所有伟大的运动中，人们总会努力增强社会感。宗教也常会受到一些误解，除非它能更直接地致力于某项工作，否则我们很难从它做过的事中看出它还能有什么其他作为。为此，我们通过科学的办法去推动一些认知，通过个体心理学得出相同的结论，并提出了有效的解决办法。我们从各种角度阐释了同一个问题，目的始终如一——提高对他人的兴趣，增强人们对于同类以及人类共同幸福的兴趣。

童年时期的影响

不难看出，从出生的那天起，我们就走上了探索“生命的意义”的征程。就算是小婴儿，也会想要测试一下自己的力量以及这种力量在他四周所占的权重。快到 6 岁的孩子，就会逐渐形成一套相对完整而稳定的行为模式，他们已经具备用自我方式来处理问题的能力，形成了他们自己的“生活模式”。他们已经知道自己可以从外界和自身得到什么东西，并且对此有了深刻且持久的概念了。从那以后，他们仿佛就是在用一张规范的表格来衡量世界——虽然还没有直接的社会经验，却已经从他人的诠释中获取了生活的意义。

就算这样的意义是错误的，就算这种处理问题和工作的方式会导致接下来一系列的痛苦甚至不幸，我们也不会轻易地放弃它。只有重新审视造成这种错误阐释的环境，发现错误到底在哪里，并把表格中的规范进行修订，才能真正纠正这种错误，从而让自我重新调整处理问题的方式。然而，要做到这些，就必然会面对来自社会的压力，也必然要意识到不做出改变那就得后果自负。通常来说，修订自我生活模式最好的办法就是，得到心理专家的帮助，因为他们了解这些生命的意义被阐释的过程，能帮助人们找到错误的起点，并能给出最为合适的一种解释。

来看一个简单的例子。我们童年的处境可以用不同的方式去诠释，童年不愉快的经历常常会被赋予完全不同的人生意义，同时不同的人对生命意义的诠释也可能会走向两个极端。通常只有当那些不愉快的经历对未来产生某种启发时，一个人才会对这段经历无法忘怀，会想："我要努力摆脱那些不幸的处境，让孩子不再有同样的遭遇。"另一个有类似经历的人或许会觉得："生活很不公平，总有人占到便宜，世界没有善待我，那我为什么要善待这个世界？"这就是为什么有些父母在谈到孩子们时常常会说："我小时候再苦再累都熬过来了，他们为什么就不行？"还有人或许会觉得："我遭遇了不幸的童年，那我所做的一切都应该得到原谅。"这几种人对于生命意义的诠释会直接影响到他们的行为，除非他们主动改变诠释，否则他们的行为绝不会转变。

这是个体心理学与决定论水火不容的根源：经验绝不是成败的原因。我们并不会因为经历的冲击而受到所谓的"创伤"，只会从中获取到适合自我的目标。我们无法决定自己的经历，只能决定自我对这些经历所赋予的意义。如果我们以某一些经历作为未来生活的基础，那必然会受到一些误导。生命的意义并不是由境遇决定的，而是由人们通过对这些境遇自我赋予的意义决定。

身体缺陷

童年的某些境遇很容易诱发严重错误的意义诠释，大部分失败的状况都发生在有过这般经历的孩子身上。这部分孩子，包括那些幼儿时期身体有缺陷或患病的孩子，他们历经苦痛，很难感受到生命的全部意义是为社会做出奉献，除非有亲人能让他们的注意力从自己的问题上离开，转而关注他人，否则他们永远只会关注自我，并在接触社会后，因为同龄人的怜悯、讽刺或回避，他们的自卑感越来越深。这些环境都会使这样的孩子变得孤僻，令他们认为自己对于社会是多余无用的，甚至会觉得整个世界都在羞辱自己。

我想，我应该是以器官有缺陷或内分泌异常的孩子所面对的困境为研究对象的第一人吧。这门科学现在已经取得很大的进展，但发展方向并不如我所愿。从一开始，我就在寻找各种方法来克服某些困难，但我并不想去寻找证据证明这种失败的原因是遗传因素或身体条件。因为，身体的缺陷并不会迫使一个人选择扭曲的生活方式。我们绝对找不到两个孩子的腺组织可以分别对他们产生相同的影响的例子。实际上，我们常常看到的，是孩子们克服自身困难，同时开发出一种对他们有用的特殊才能。

因此，个体心理学并不鼓吹优生的理论，许多才能出众的人，对人类做出巨大贡献的人，在他们生命之初都面对过身体的缺陷。他们中很多人备受病痛困扰，很多人英年早逝。然而就是这些一直在与身体上的缺陷，或环境上的困难搏斗的人们，造就出各种先进的发明，推动着社会的进步。抗争让他们更加坚强，并奋勇向前。我们不能仅以身体表征做出判断，来认定精神将走向光明还是黑暗。然而，身体有缺陷的孩子，大部分并没有得到正确的引导和培养，他们的困难不为人所了解，使得他们大多都变得愈加以自我为中心了，这就是为什么，我们会在早期因身体缺陷而倍感压力的孩子中间发现许多失败者。

被溺爱

导致生命的意义被错误诠释的另一种情况，与被大人溺爱的孩子有关。那些被溺爱的孩子，所接受的教条会让他们认为自己的意愿就是“法律”，无需努力就可以得到重视，通常还认为这种重视是与生俱来的。因此，一旦他们不再受到关注，周围的人不再以他们的感受作为出发点，他们就会患得患失，不知所措，甚至会觉得世界辜负了自己。他们所接受的教育只会让他们一味索取，不知回报和付出。此外，他们并没有学到应对任何其他问题的方法，因为身边总是有人对他们有求必应，他们也就自然而然地就失去了独立性，也不知道可以为自己做点什么。他们最感兴趣的就是自我，不懂得合作的裨益与必要，一旦陷入困境，唯一的解决办法就是寻求他人帮助。他们相信，如果重获重要地位，他人就会重新承认自己与众不同，而他们就可以获取一切想要的东西，这样一来，困难就能得到改善了。

被溺爱的孩子长大之后，可能会成为社会中带有危险性的一群人。其中有的人可能会伪装出好意，以“惹人喜爱”的表象获取控制他人的机会，但是在日常生活中，一旦要求他们和别人一样进行合作的时候，他们就不愿意了；还有的人采用了更加大胆且公开的方式进行反抗，在失去习以为常的谄媚和服从后，他们会认定自己被出卖。他们觉得，整个社会都与自己为敌，因此他们总是竭尽全力地进行报复。如果社会对他们的生活方式表现出敌意，他们就会把这种敌意看做自己受到不公待遇的新证据。这就是惩罚为什么会毫无效用的原因——在他们看来，惩罚只是再一次证实了“每个人都反对我”的观点。但是，不管那些被溺爱的孩子是公开反抗还是封闭反叛，不管他们是以柔驭人还是暴力相向，他们的行为之所以产生，都是基于对世界的同一错误认知。我们甚至会发现，他们在不同的情况下，两种方法都尝试过，但目标却殊途同归。在他们眼中，生命的意义是“领先”，自己要成为最重要的人，得到想要的一切。如果他们继续为生命的意义赋予这样的诠释，那么无论他们采取什么方法，都只会是将错误进行到底。

被忽视

还有一种容易导致错误诠释的情况与孩子被忽视有关。这样的孩子从未了解过合作是什么，他对生命意义的诠释里，完全没有这样的正能量。当他面对各种生活难题时，他会独自想办法应付，却低估了自身在他人善意的帮助下解决问题的能力。他觉得世态炎凉，并认为永远如是。尤其是他无法意识到，自己是可以凭借有助于他人的行动来收获情感与尊重的。因而，他对人充满怀疑，却又无法建立起自信。

一切事物都无法替代大公无私的情感。母亲所要做的最重要的事，首先应是让孩子明白自己是他值得信任的“他人”，从而将这种信任逐渐扩展开，直到其涵盖了孩子身边的一切人与事。假如母亲的首项任务——获得孩子的信任、情感与合作——不幸失败，那么孩子就很难继续发展其社会兴趣以及对他人的同类感。每个人都拥有关注他人的能力，但必须要得到培养和联系，否则它的发展将会受挫。

我们在研究某些极端案例时发现，假如孩子被忽视、厌恶或抛弃，他将对“合作”这件事完全视而不见，封闭自我、不与人交流，且完全不去想任何可以帮助他与人相处的事物。无疑,如此生活状态下的个体必将自我毁灭。孩子顺利度过婴儿期，证明他是受到了一定程度关爱的。所以，世上并没有完全被忽视的孩子。总的来说，受忽视的孩子从来都找不到一位，他自认为能够真正信赖的“他人”。我们生活中有很多失败者都是孤儿或私生子，这类患者的幼年会被归属在“被忽视儿童”的范畴。当我如此评判我们的文化时，不禁心生悲凉。

这三种情况——身体缺陷、被溺爱、被忽视，是最容易令人错误地理解生命的意义的。有过这些经历的孩子们，几乎都需要得到外界的帮助，以使得他们处理问题的方式得到修正。我们理应伸出援手，让他们能够更好地了解生命的意义。若是有心，真的对孩子们的世界感兴趣，并对这些孩子给予关注，我们将会从他们的所作所为之中，看出他们对生命的释义。

早期记忆与梦

研究表明，联想和做梦都能为我们提供有效信息，因为不管是在做梦还是清醒状态，人格都是一样的。只不过，在做梦的时候，因为社会压力较小，戒备心和隐秘心较弱，人格常常会被一览无遗。想要了解人对自身生命意义的阐释，对我们最具价值的莫过于记忆库了。全部的记忆，当然也包括那些人们自认为微不足道的部分，实际上它们都极其重要，因为这些都是对自身而言“值得记忆”的事物——之所以称之为“值得记忆”，是因为这些记忆与人自身对生命的意义的理解关系密切，就像是在向他暗示，“这就是你务必要期待的”，抑或“这就是你务必要避免的”，甚至“这就是你的生活”！经历本身反而并不显得那么重要，重要的是，记忆中的特殊经历会让生命的意义更加明晰。因此我们说，所有的记忆都是被筛选出来的自我提醒工具。

对于了解个体的生活方式、存在时间，以及形成其生活态度的最初环境，儿童期的早期记忆至关重要，这是因为：首先，它包含了个体对自身处境的最初判断，比如第一次对自我长相有所结论，第一次对自己有了较为完整的认知以及第一次对自身提出要求。其次，这是个体的主观起点，是其“自传”的开篇。于是，我们总能从早期记忆中对比出，一个人感受到的是脆弱和危险，还是强势和安全以及之间的差别。从心理学研究目的出发来看，某个最早的记忆是否真的是人们所能记起的最早之事，这些又是否真实，都不重要。记忆的重要性在于它背后的东西，在于它对生命意义的阐释，在于它和现在、和未来的联系。

有一些关于早期记忆的案例，都体现着“生命的意义”。“咖啡壶从桌子上掉下来，把我烫伤了”，生活就是这样。我们发现，若是女孩以这样的方式开始自述，那么某种无助感将伴随她一生，生活的困难和危险会被她夸大，在她的内心身处，是在埋怨他人未能照顾好自己，就像是在说“居然有人如此粗心大意，让这么小的孩子遇到危险”。还有一种早期记忆异曲同工，“记得三岁的时候，我从婴儿车里摔了下来”。此类早期记忆会导致这位患者持续不断地做着同一个梦——世界末日快要降临。“我在午夜醒来，发现天空被火光烧得通红，星星一颗一颗坠落，地球和另一个星球撞上了，但刚要爆炸，我就醒了。”病人如是说。这个病人是个学生，在我问他有没有害怕的事物时，他说他害怕自己的生活无法成功。显然，他的早期记忆和反复的梦反映出他的气馁，并强化了他对失败与灾难的恐惧。

一个12岁左右的男孩，总因为尿床而和母亲发生争执，最后被带来问诊。他的早期记忆是这样的：“妈妈以为我丢了，跑到街上呼喊我，她非常害怕，但其实我一直躲在房间的橱柜里。”我们通过这个记忆可以判断出，这个孩子赋予生命的意义在于，用制造麻烦的手段来引起关注，欺骗成为他获取安全感的方式，他认为自己不被重视，所以愚弄他人。尿床也是他“研究”出来的好方法之一，使他成为被担忧的焦点，这也是一种关注。而母亲的殚精竭虑，更是验证了他对生命意义所做出的阐释。其实这个男孩早已形成了一种观念：外面的世界满是危险，只有他人都为他殚精竭虑，自己才安全。“如果我需要，其他人就会来保护我。”他只能用这样的方法自我安慰。

一位35岁的女士对早期记忆做出这样的描述：“我站在楼梯上，周围一片漆黑，比我大一点的表哥打开门，跟着我走下楼梯，吓了我一大跳。”从这个记忆中不难发现，这位女士童年时期可能不太习惯与别的孩子一起玩，而且和异性相处会尤为紧张。一追问，果然，她是个独生女，并且未婚。

“妈妈让我推着小妹妹的婴儿车。”虽然这个事例表现出某种发展得较为完善的社会感，不过我们看到的迹象是，只有与弱者相处才会感到自如，并且可能依旧依赖母亲。对于新生儿的照料，最好是得到大一些的孩子的合作，这样可以让他们对家庭新成员产生兴趣，并分担部分保护责任，让他们不会轻易地认为新生命的到来削弱了自身在家庭中的重要性，从而防止他们对新生儿产生憎恶。

想要和他人相处的欲望，并不一定表示对他人有真正的兴趣。某个女孩的早期记忆是："我和姐姐，还有另外两个女孩一起玩。"从中我们可以看出，这个女孩正在学习怎样与人和谐相处，可是在她说出"最害怕孤零零一个人"的时候，我们又发现了别的信息，她缺乏独立性。

了解了一个人赋予生命的意义，就像是找到了了解其人格的途径。有人说，人格无法改变，其实这只是因为他们还没有找到"解药"。如果揭示不出最原始的错误，那么所有的论证和疗法都毫无用处。想要改变个人性格的唯一通道，只能是培养合作精神和勇敢的生活方式。

合作的重要性

人们防止神经症发展倾向的唯一方式就是相互合作。因此鼓励和培养孩子们参与合作，应允他们和他人一起做事和玩耍，以此让他们找到自己的行为方式，尤为重要。一切针对合作的阻碍都会引发严重的后果。拿被溺爱的孩子来说，他们只对自我产生兴趣，并会把这种态度带进学校。他们或许对功课会很感兴趣，但这只是因为他们认为老师会因此喜欢自己。只有自认为于己有利的事物，他们才会去接受。在成长的道路上，对社会感的缺乏所导致的后果会越来越显著。当他们开始对生命的意义产生误解时，就不再培养自身的责任意识与独立意识，也就无法对各种生活考验和困难做出应对。

我们没有办法单纯地把一个人的早期错误完全归咎于其自身，只能在他遭遇困难时帮助他修正错误。我们无法指望一个没有学过地理学科的孩子在地理考试中获取高分，同样，我们也无法指望一个没有学过与人合作的孩子在需要合作的事物上表现优异。要知道，生命长河中所有问题的解决都会依赖合作，一切困难的克服都受限于社会范畴中，且以为人类造福为目的。

生命在于奉献，只有懂的人，才会一直勇敢下去并收获成功。

假如老师、家长和心理学家们都了解了，人们在赋予生命意义时有可能产生的各种错误，并防止自身犯下同样的错误，我们可以相信，缺乏社会感的孩子们，终会对自身能力和生活际遇生出某种较为良好的感受。当他们遭遇挫折时，不再放弃，不再选择“捷径”，不再逃避和推卸责任，不再谋求额外的照顾和特殊的同情，不再因感到受辱而报复，不再问：“活着有什么用？我能得到什么呢？”而只会说：“我要自力更生，自己的事情自己能做好。我可以控制自己的行为，我只能靠自己去创造性地工作。”如果所有人都能如此面对生活，独立且合作，那么人类文明必将更加辉煌。

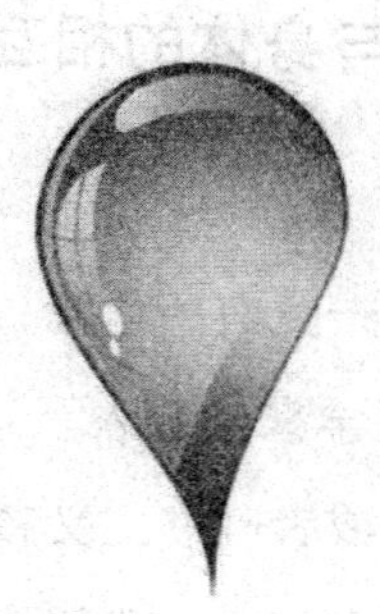

第二章　心灵与身体

心灵与身体的相互作用

在这个问题上人们一直有所争论：究竟是心灵支配身体，还是身体支配心灵？哲学家也进入了这场争论中，众说纷纭。那些自称为理想主义者或者唯物主义者的人，进行了无数次辩论，但这个问题依然没有答案。我们的个体心理学可能会对这个问题的解决有所帮助，因为在个体心理学中，真正关注的是人的心灵与身体的日常互动。对于等待治疗的人，不管是心灵方面还是身体方面，如果治疗方法的基础是错误的，那我们便无法帮助他。所以，我们的理论必须来自于实际经验，并且能够接受实践的考验。我们必须对这些相互影响的结果进行处理，并热切地寻求正确的观点。

个体心理学的发现消除了这个问题所引发的大多数紧张局面，使它不再是非此即彼的问题。我们把心灵和身体都看作是生命的表达，是人类生活整体系统的一部分，并开始去了解心灵与身体在这一系统中的相互关系。生命在于运动，但是仅仅从生理上去发展还是存在不足的，因为身体运动的背后其实是头脑在起着指挥作用。植物生根发芽后，便停留在固定的地方无法移动，如果在这样的情况下，植物是有意识的，或者至少是拥有人们在某种意义上可以理解的意识，那么就太令人惊奇了，就好像它知道“有人来了，马上就要踩到我了，我就要死在他的脚下了”，就算某种植物具有预测未来的能力，那又有什么用呢？还不是跑不掉。

但是，一切能移动的生物，都可以预见到未来并做出行动方向的判断，这就意味着他们都具有心灵或者说灵魂。

“当然你有情感,否则你无法行动。”——《哈姆雷特》第三幕，第四场

这种具有预见性并能指导行动的能力是心灵的首要功能。当我们认识到这一点，就能明白你的心灵是如何支配身体的了：它为我们的行动设定下目标。是的，行动必须要有目标，只是不停地乱动显然毫无意义。因为心灵的这项功能决定行动目的，因此它处在推动者的地位上。不过即便只是负责运动的身体，也会对心灵有所影响，因为心灵只能根据身体的极限能力指导运动，比如若是心灵想让身体登上月球，在没有超越身体极限的技术支持下，心灵的指导必定是会失败的。

我们人类比其他任何生物都擅长运动，不仅体现在运动方式更多这方面，还能从手部所能做出的复杂运动看出，我们通过身体运动来影响环境的能力更强大。因此，不难想象到：人

类心灵预见未来的能力已经发展得很完善，并且会显现出有目的的努力，以改变命运。

除此以外，在我们人类身上，除了指向部分目标的部分行动之外，还有一个无所不包的单一动作——我们的所有奋斗目标其实都是指向安全感。这种安全感让我们感到克服了生活中的所有困难，成功地摆脱了周围的环境，安全地到达了终点。因为指向了这一目标，我们的一切行动和表现便都必须协调统一，同时这也迫使我们的心灵，为了达到最终的理想去发展。

我们的身体也会如此，会尽力统一起来，朝着早已生根发芽的理想去发展。就好比在皮肤受损的时候，身体会自发行动起来，使破损的地方修复，再次成为一个整体。然而身体是无法独自发掘自身潜能的，在发展过程中，它会得到心灵的指导。对此，运动和训练的研究以及一般卫生学的价值已经充分验证了这一点。这些都是身体在朝着最终目标努力时，心灵所给予的帮助。

从开始到现在，存在于生命里的，这种关乎成长与发展的合作关系从未间断。作为整体而言，心灵与身体都是不可分割的部分，并且相互合作。心灵如同一个马达，调动着它在身体中发掘出的各种潜能，帮助身体达到无忧无虑的境界。在身体的各种运动中，在各种身体的病症里，我们都可以发现心灵的目标。人类的活动，不论大小必然都有意义。我们活动眼睛、舌头或者脸部肌肉，脸上便会呈现出某种表情，这就是意义之所在。赋予这种意义的便是心灵。现在我们可以去看一看心理学真正在研究什么了——心理学的目的在于，探索人们各种神情的意义，找到意义背后的目标，并与他人的目标做出对比。

在指向安全感这个终极目标的时候，心灵必然会不断地让这个目标具体化，必须计算出安全的位置和获取的方法。当然，有时候会计算错误，不过若是无法确定目标、方向的话，也就根本不会产生行动。譬如我们动手做事，我们心中必然已经想好要这样做了。不可否认，有时候心灵所选择的方向可能会导致灾难性的后果，之所以会发生这样的情况，是因为心灵误以为这样的选择是最佳选择。所有心灵上的错误，都会导致运动方向的错误。安全感虽然是人类共有的目标，但也会有人错误地判断了它的位置，从而朝着错误的方向走下去，最终误入歧途。

当我们在看到某种神情，或是病症而无法认清背后的意义时，了解它的最好办法就是：先把它大致简化成一个动作。以“偷窃”动作为例：在未经允许的情况下拿走他人财物据为己有。现在我们来看看这个动作所指向的目标：使自己变得富有，并通过占有的方式加强自我安全感。因此，这一动作的原点是贫穷感，被剥夺感。接下来，是找出此人所处的环境以及让他感到被剥夺的情境。最后，要看他是否会通过正当途径改变这种环境、克服自身受剥夺的感受。也就是说，他是选择走正道，还是选择错误的获取方式。我们虽无需指责他的终极目标，但要指责他错误的获取方式。

在第一章里已经提到过，孩子到了四五岁时，个体已经统一了自我心灵，并已经形成了心灵与身体间的关系。在这个时期，他们从四周环境中继承各种品行，接收各种观念，并将它们做出调整，以迎合自身对优越感的诉求。他们开始赋予生命以意义，所追求的目标、行为处事的风格以及情感特征等等，这一切都已成定局。这些方面在以后的日子里也不是不可以改变，但前提是必须要消除童年时期所形成的错误观点。一个人，从前的思想和行为，与他对生命意义做出的阐释是一样的，并不会随着时间的改变而改变，只有纠正了错误的观念，才会有新的思想和行为与之相匹配。

个体正是通过感官和环境产生联系，并从中获取各种观念的。因此，从个体出发来发展身体的方式可以看出一个人想要从环境中接受何种观念以及他想如何利用自身经验。只要我们稍加注意一个人看和听的方式，发现什么事物能吸引他的注意力，就能了解到这个人大量的信息。就好比我们认为一个人的站姿极其重要这个愿意，便可让我们知道一个人如何运用他的感官，从而利用它们来选择观点——任何站姿都有特殊的含义。

现在我们可以附加上心理学的定义。心理学是了解个体对身体感官接收到的印象的态度。我们还可以就此得知，心灵与心灵之间为何会产生巨大的差异。如果身体无法适应环境，难以完成环境提出的要求，往往就会成为心灵的负担。所以，那些生来就有身体缺陷的孩子，智力的发展也常会略微迟缓。他们的心灵很难朝着某个优越的位置做出影响、移动，并控制身体。如果他们想要实现与他人相同的目标，就需要付出更大的心灵上的努力，心智也必须要更为集中才行。反之，如果他们的心灵不堪重负，他们就会转变为以自我为中心，自私自利的人。如果孩子总是很担心身体缺陷和行动不便，他的注意力就无法分散到外部事物的身上，变得既没有时间也没有自由去关注他人，最终，当他长大成人后，社会感会很淡薄，合作能力也很低。

身体的缺陷会造成很多障碍，但这些障碍绝不代表要面对无法逃避的命运。假若心灵是积极活跃的，只要想要努力克服障碍，那么个体就可以像健康之人一样成功。实际上，尽管他们会面临重重阻隔，那些有身体缺陷的孩子往往会比具备一切优势的孩子取得更大的成绩。比如一个视力不好的孩子，想要看清楚事物的话，就得比目光敏锐的同龄人更加专注，对这个可见的世界更加关注，对区分颜色和形状更加感兴趣。最终，他们往往比那些从未好好看过世界的孩子更懂得欣赏这个世界。于是我们说，身体缺陷也可以转变为巨大优势，只是心灵需要找到克服身体缺陷的路径。

在诗人和画家的圈子里，有很多视力不佳的例子。这样的缺陷因为其高度发展的心灵而被克服，最后个体比常人更懂得如何使用眼睛服务于更好的目的。在左撇子儿童中，也许更容易看到这类补偿。左撇子的事实往往不为人所知，不管是在家还是在学校，他们因为总是被训练使用有缺陷的右手，所以并没有真正被好好训练出写字作画或手工劳作的能力。可一旦个人在心灵上克服了这个困难，我们可以预见的是，这只有缺陷的手同样可以掌握一种高超技能。事实也正是如此，很多情况下，左撇子儿童写字更漂亮，绘画更出众，手工也更精巧。通过找到合适的技巧，再通过动力、培养和联系，他们把不利的局面变得更有利。

不过只有那些想要为集体做出贡献、兴趣不在己身的孩子，才会让自己成功地弥补自身的不足。如果只是想着要摆脱困境，也只会一直落于人后。只有心中拥有努力的目标，并且实现目标比遭遇障碍对他们更加重要的时候，他们才会斗志昂扬。

这是一个关于兴趣和注意力指向哪里的问题。如果他们朝着某个身外的目标而努力，自然会去训练和武装自己，以便实现目标。他们会把困境视为只是成功道路上需要清除的障碍。相反，如果他们只是关注和强调自己的障碍，与障碍抗争也无非只是想摆脱它们而已，那么他们就得不到真正的进步。笨拙的右手，单靠想象和希望它没这么笨拙，单靠逃避显现笨拙的环境，是无法使其变得灵活的。只有在渴望以后做得更好这个动机，比目前的笨拙所带来的挫败感更加强烈时，笨拙的右手才能通过实际活动中的锻炼而变得灵巧。如果一个小孩子，想要调动力量克服障碍，他必须要有一个身外的行动目标，这个目标应该是基于对现实的兴趣，对他人的兴趣以及与人合作的兴趣之上的。

当我在对一些具有遗传性肾病的家庭进行调研时，发现了一个关于“遗传性格及其可能的作用”的实例。有许多小孩会尿床，这种身体缺陷是真实存在的，可以在肾、膀胱或脊椎分裂中得到印证——往往在其腰部皮肤上发现一枚痣，就可以怀疑这个部位有所缺陷。但是这种生理特征并不是孩子尿床的唯一原因，因为儿童不完全会受到器官的控制，他会以自己的方式使用它们。比如，一些小孩晚上尿床但是白天却不会。有时候环境的改变或父母的态度发生转变，这些习惯就会突然消失。如果孩子不再以身体缺陷服务于错误目的，那么尿床便可以克服，除非他还有心理上的问题。

但是大多数尿床的孩子都有继续尿床而不去克服的个体动机。一些经验丰富的父母能够通过恰当的训练来帮助他，但如果训练不娴熟，尿床依然会持续。对于那些肾或膀胱有毛病的孩子，家人常常会过分关注他便秘的情况，一旦引起孩子的注意，认为这件事情极为重要，他常常会产生抵制情绪。过分的关注只是给孩子提供了抵制训练的绝佳机会，而抵制父母处理方式的孩子，又总能抓住父母的弱点进行反击。

一位著名的德国社会学家发现：大部分产生家庭犯罪行为的孩子，其父母的职业，都与打击犯罪有关，比如法官、警察或狱警。而这些孩子的老师，在学术上也都固步自封，关于这一点，在我的经验中也能得到证实。同时我还发现，出自医生家庭的神经症患者数目惊人，很多少年犯则是出自牧师家庭，同样的道理，父母过分关注孩子便秘的家庭，孩子更会通过尿床来彰显自我意志。

尿床的例子也极好地说明了，身体的缺陷可以很好地被用来激起与我们想做之事相吻合的情感。经常尿床的孩子会梦见自己下了床到了卫生间，在这样的情境下他们完全可以尿，于是他们便原谅了自己的行为。尿床通常有几种目的：引起关注、控制他人，整日整夜地引发他人关注。有时候尿床也可以用来与人为敌，这个习惯就像是一种战术。不论我们怎么看，显然尿床是一种富有创意的表现形式：孩子不用语言表达，而是用膀胱说话。身体缺陷不过是给他提供了一种表现自我观点的方法。

以这种方法来表达意愿的孩子，往往处在某种压力之下。他们通常是被宠溺的孩子，此刻却不再是被关注的焦点，这可能源于另一个小孩的诞生，他们愈发感到再难得到母亲全身心的注意，所以，尿床代表了他们试图与母亲更加亲近的想法，即使是通过这样一种不太令人愉悦的方式。事实上，尿床就是在表达："我还没有你想的那么大，还需要照顾。"

在不同的环境中，或者对于不同的身体缺陷，孩子会选择不同途径实现这种目的。例如，有的孩子会在夜里苦恼，以制造声音的方式来与母亲亲近；有的孩子还会出现梦游、做噩梦、掉下床，或者说口渴想要喝水的情况。如果用心理学来对这些行为做出解释，原因都是一样的。至于孩子表现出什么样的症状，一部分要看他们的身体情况，一部分要看他们所处的环境。

这些事例都清晰地展示了心灵对身体的影响，心灵完全有可能不仅影响到人们对某种生理症状的选择，还会控制并影响其全部素质。当然，这只是假设，我们尚无直接的证据，也不了解怎样才能找到这种证据。然而，事实似乎是确凿无疑的。一个胆小的孩子，胆怯的性格会在他一生的发展中有所反映。他不会关注他身体上的成就，甚至不敢想象其自身能够取得这种成就。所以，他绝对不想要有效地锻炼肌肉，对于外界那些常会激励肌肉发展的观念，他也只会选择忽略。而其他对肌肉训练很感兴趣的孩子，相较于兴趣封闭的胆小孩子，身体发展会更好更快。

综上我们可以推断出：身体的整体状态和发展，都会受到心灵的影响，并且会反映出错误和不足。我们常常还可以看到：假若一个人没有找到满意的方式来弥补自身缺陷，他的身体状态便是心智与情感所导致的结果。例如，在四五岁之前，我们的内分泌会受到这样的影响。虽然有关腺组织的缺陷并不会对行为产生强制性的影响，不过，他们还是会不停地受到整个环境的影响，受到孩子极力要接受的某种观念及方向的影响，受到孩子内心创造性活动的影响。

情绪的作用

我们把人类随环境做出的改变称之为文化，也就是心灵激发身体所做出的一切运动的结果。心灵为我们的工作做出启发，并指导和帮助身体发展。最后我们发现，在人们的各种表情里，心灵的判断和决策随处可见。不过，如果心灵高估了自身的重要性，也绝不可取。我们想要克服困难，身体就必须健康。因此，心灵致力于控制环境，以保证身体不受疾病、死亡、伤害、意外以及各种功能损伤的威胁，这也是我们为何要激发自身感受苦乐、想象以及认清环境优劣的能力的原因所在。

身体在面对情境时的具体反应表现为情绪。幻想和认同作用（identification）都是预见未来的方法。不仅如此，它们还可以激发起相关的情绪，而我们的身体会根据这些情绪来做出动作。是的，人的情绪之所以形成，在于自身对生命意义的阐释和锁定的奋斗目标。在很大程度上，情绪纵然能够操控身体，也不依赖于身体，而往往是主要依赖于个人目标及生活方式。

显然，个人的生活方式并不是控制个体言行举止的唯一因素。在缺乏其他辅助力量的情况下，一个人的态度无法导致行为的产生，而是必须要在情绪的辅助下，才能产生行动。我们所观察到的个体心理学的新观点是：情绪绝不会和生活方式背道而驰。一旦确立了目标，情绪就会进行自动调节以迎合实现目标的要求。由此可见，我们所讨论的已经不属于生理学或生活学的范畴了。我们不能用化学理论去解释情绪的产生，也无法对其用化学知识去检验和预测。在个体心理学的研究中，必须要先假设出存在的生理过程，而我们却对心理目标更感兴趣。比如，我们并不很关注焦虑对交感神经和副交感神经的影响，却很关注焦虑背后的意图和目标。

这样的研究方法让我们知道，焦虑并不是来源于性压抑，也不是难产的后遗症，这些分析都太不靠谱了。我们发现，若是孩子习惯了母亲的陪同和帮助，接受她的支持，那么孩子可能会表现出焦虑的情绪，不论什么原因，他都会将使“焦虑”变成控制母亲的有效方法。我们也不仅仅满足于已知的对愤怒的生理性描述，经验表明，愤怒也是一种用来控制他人或事态的工具。当然我们也承认，虽然所有的生理特征和心理特征都是先天性的，但这些先天性的特征在努力实现最终目标时所起到的作用，也应当得到关注。

任何人身上都可以体现出，情绪都是根据个体目标实现的方向和程度而成长与发展的。一个人的焦虑和勇敢，快乐和悲痛，都和个人生活方式相契合，与个体相关的能量、优势和期望相一致。如果一个人通过悲哀来达到追逐优越性的目的，那他绝不会为自己实现了目标而感到心满意足，而只有在痛苦的时候才会感到幸福。我们还发现，情绪能够来去自由。一个恐惧症患者，当他在家，或控制他人时，焦虑感便会消失。每个神经症患者，都会躲避生命中任何一个自认为无法掌控的部分。

和生活方式相同的是，情绪也是固化不变的。譬如，懦夫就是懦夫，不论他面对弱者时表现得多么傲慢，受人保护时又表现得多么勇敢。他会在门上设置三重锁，饲养看家狗，再装上防盗铃来自我保护，却依旧坚称自己勇猛如虎。没有人可以证实他的焦虑是必要的，但他依然会不厌其烦地保护自己，这足以暴露出他性格中的怯懦。

性与爱，也能为我们佐证。当一个人在心中有了性目标的时候，他便会对性产生情绪。当他把注意力集中到有关性的目标上，竭力排斥其他与此无关的不相容的兴趣时，就会激发适当的情绪和功能。如果缺乏这些情绪和功能（如阳萎、早泄、性的欲望倒错和性冷淡），明显是因为他不愿意放弃某些不合时宜的兴趣所造成的。这些不太正常的情况，都是由错误的目标和生活方式所引发的。从这类事例中，我们发现，他们往往会倾向并渴望得到伴侣的体贴，自身却不体贴他人，从而我们可以推测，他们缺乏社会感、勇气和乐观的精神。

我曾经遇到过这样一位病人，是家中的次子，他的父亲和兄长都非常重视做人诚实这一点，但他一直因为无法摆脱某种犯罪感而感到痛苦不堪。在他七岁那年，他对老师撒了谎，说作业是自己做的，但实际上是他哥哥代他完成。这个孩子带着犯罪感生活了三年，最后跑到老师那里承认了自己的错误，老师却一笑了之。他又哭着向父母再次认错，父亲对他的行为引以为荣，安慰并表扬了他。尽管得到了父亲的原谅，但这个孩子依旧十分沮丧。我们得出的结论是：他为这样的小事严厉谴责自己，只不过是想证明自身的正直，高尚的家风促使他期望在正直这方面要做得比他人优秀，同时在学业和社会地位上他都自叹不如兄长，于是只能尽力以自己的方式来获取心中的优越感。

在往后的生活中，这个孩子还通过其他各种方式来自责。他不仅染上了手淫，在学校也没有完全改掉欺骗的毛病。每当考试临近，他的犯罪感就愈发强烈，接下来，他要面对的这类困难会越来越多，因为他完全明白，自己的心理压力比兄长要重得多，因此在当他没能取得兄长那样的成绩时，就会故意躲闪并掩饰错误。离开大学之后，他原本打算找一份技术类工种，但因他始终无法摆脱强迫性的犯罪感，日夜祈求上帝原谅，找工作的时期也就此搁置。

目前，他的心理状态非常恶劣，被送进了精神病院，而在那里，人们认为他已经无药可救。但一段时间后，他的状态却大有改观，并离开了医院，只是他请求院方，如有复发便再次收容。后来他改学艺术史，当面临考试时，他在一个假日跑到了教堂里，拜倒在众人面前，大声嚷着：“我是所有人中最大的罪人！”于是，他再次暴露了内心的敏感。在医院又待了一段时间后，他回家了。一天，他竟然赤裸着身体去吃午饭，人们发现他身体健美，足以与他的兄长和其他人媲美。

他的犯罪感是令他显得比他人更诚实的工具，也是他拼尽全力实现内心优越感的方式。但是，他的一切努力都荒废在歪门邪道上，逃避考试、逃避工作，都显现出他的怯懦和严重的力不从心。在他身上表现出来的神经症症状，是他故意逃避任何一项他担心失败的活动。他跑到教堂自责、赤裸地冲进餐厅，都足以表明他是在用卑劣的手段获取相同的优越感。他的生活方式要求他做出这些行为，而他产生的情绪和他的目标也完全一致。

或许另外一个事例，能更清楚地展示出心灵对于身体的影响，因为这是我们更为熟悉的现象，这种现象只会导致短暂的而非永久性的身体状态。在某种程度上，人们的每种情绪都会附带某种身体的表现方式，个体可以以某种可视的行为来表达情绪，可见于姿态，可见于面部，也可见于颤抖的四肢，同样，变化也会在器官上有所反应。比如，如果一个人面色发红或是泛青，他的血液循环必定是受到了影响。愤怒、焦虑、悲伤，每一种情绪都会通过身体语言得以表达——我们每个人的身体都有自身的语言。

当身处恐怖的情境时，有些人会浑身颤抖，有些人会毛发竖立，有些人会心跳加速，还有些人会出汗、咳嗽、声音沙哑，或者身体蜷缩往后退，有些人会失去平衡，有些人会恶心呕吐不止。对一部分人而言，这样的情绪影响的是膀胱，而对另一部分人而言，影响的可能是性器官。在考试的时候，很多孩子会觉得性器官受到了刺激，还有很多情况是，罪犯在犯罪之后往往会跑去妓院，或是女友那儿。我们发现在科学研究领域里，有的心理学家认为性与焦虑息息相关，但也有人认为二者毫无关联，当然这些都是他们从经验主义出发的主观想法。

这种反应会出现在不同类型的人身上，同时调研又指出，这些反应多少和遗传有关。某些身体反应可以给我们提供线索，窥探到整个家族的弱点或怪癖，在相同的情况下，家族的其他成员也会出现类似的身体表达，不过最有趣的还是：观察到心灵是如何通过情绪，从而激发起各种身体反应的。

从情绪以及身体的反应中我们不难看出，心灵在判断出有利或是有弊的情况后，是怎样采取行动和做出反应的。比如说，有的人忽然间发脾气，其实是想尽快解决面临的困难，而他认为解决的最好方法是痛打、责难或攻击他人，愤怒的情绪会影响到身体器官，使器官紧张起来或付诸于行动。有的人一愤怒就会面红耳赤或感到胃痛，这是因为他们的血液循环受到影响发生了巨变，甚至会引起头疼的状况。隐藏在偏头疼和习惯性头疼背后的，往往是受到压制的暴怒或羞辱。对于某些人来说，愤怒还会引起三叉神经痛或癫痫性痉挛。

情绪影响身体机能的方式还没有被彻底探究明白，我们也可能永远无法完全了解清楚。紧张的心理对自主性神经系统和非自主性神经系统都会产生影响。只要感到紧张，自主性神经系统就会采取行动：拍桌子、咬嘴唇或者撕纸。人一旦紧张起来，仿佛就会被某种事物推动，命令他以某种方式采取行动。咬手指或铅笔头，都能缓解人的紧张情绪，而我们从这个举动中可以看到，这个人感到所处的某种处境正在威胁着自己。在陌生人面前脸红、颤抖或抽搐的情况，也是同样的道理，都是焦虑或紧张所引起的。通过非自主神经系统，紧张感被传送到全身每一处。于是不论什么情绪只要一产生，就会让全身上下处在紧张之中，当然这样的紧张感并不总是会表现得如上述事例般明显，我们在这里所说的也仅仅是，一些身体上的病症与紧张情绪的联系。

假如我们更进一步地去研究，则不难发现：我们身体的每一个部分都会参与情绪的表达，而身体的反应都是心灵与身体相互作用的结果。审视心灵之于身体，身体之于心灵的互动关系极其重要，因为它们是人们所关注的一个整体的两个部分。

从上述论证中，我们完全可以得出这样的结论：个体的生活方式和相应的情绪特征，会持续影响身体的发展。若是孩子的性格和生活方式早已定型，那么我们只要掌握足够的经验，就能够预见到他们此后生活中的各种身体表现。勇敢的人会让这种心理态度影响到身体各处，所以他们的身体表现会与人不同，比如肌肉会更加紧实，仪态会更有规矩。身体姿态对身体的发展可能会有很大影响，这也是勇敢的人肌肉更加健美的原因之一。他们在面部表情上也会与众不同，最终所有的属性都会受到影响，甚至连头盖骨的形状都有可能慢慢改变。

如今我们已经很难否认，心灵会影响大脑运作。病理学中有许多这样的事例：人因为左脑受到损伤而导致读写能力缺失，但通过对大脑其他部分的训练，又能重获读写能力。某人因为中风而无法恢复大脑受损部分时，时常会发生此类情况——大脑其他部分可以弥补和恢复各器官的功能。这一点对于个体心理学运用于教育时尤为重要。若是心灵可以对大脑产生这样的影响，那么大脑只是心灵的工具——尽管很重要，但也仅仅是工具，我们便可以找方法来改善和发展这个工具。大脑有缺陷的人，并不一定会在一生中都难以逃脱这一约束，可以找到各式方法来训练大脑，令它更适用于生活。

如果心灵把目标定位在错误的方向上（比如没能发展与他人合作的能力），就无法在大脑的成长之路上施加有益的影响。由此我们发现，若是孩子欠缺与人合作的能力，那么在往后的日子里，他们就无法完全地发展智力和理解能力。成人的所有举止活动，都会体现出其在四五岁时所形成的生活方式的影响，他们的世界观和赋予生命的意义所导致的结果也会显而易见。我们可以发现这部分人在与人合作上的困难，并帮助他们修正失败之处，这一点在个体心理学里，已经略有成效。

心理特征和身体特征

很多学者认为，心灵表达和身体表达存在某种恒定的关系，但好像没有谁曾经尝试去找到这种关系和二者之间的桥梁。克雷奇默就曾表述过，怎样通过研究个体的生理特征，从而找到与之对应的心理和情绪特征。他把绝大部分人进行分类，如脸圆之人，鼻短之人，或有肥胖倾向之人，就像凯撒大帝所说：愿我周围的人都肥壮，脑袋光滑，通宵安眠。——《凯撒大帝》第一幕，第二场

克雷奇默认定，特定的心理特征和某种体格有关，却并未说明关联的原因。在日常生活中，具有某种体格的人看上去似乎并没有什么身体缺陷，他们的身体完全适应社会文化。在身体机能上，他们自认为和他人同样健康，对自身的力量信心满满，也不紧张，觉得就算是要打架，自己也能行。他们觉得没有必要视人为敌，也不会认为生活满是恶意而挣扎万分。有一个派别的心理学家将这部分人称之为“外向者”，不过没有说明缘由，而我们将他们称为外向者，是因为他们的身体并没有被“传染”上焦虑感。

克雷奇默的分类中有一种相反类型的人——有神经质的人。此类人有的长得像孩子，有的个子超高，有的鼻子长，有的头型如蛋。克雷奇默认为这类神经质的人属于内向性格，喜欢自省，但他们一旦有了心理障碍，就容易患上神经分裂症，就好像凯撒大帝所说的：杨·卡修斯又高又瘦，他思虑过多，这种人很危险。——《凯撒大帝》第一幕，第二场

这类人有可能存在生理上的缺陷，成年以后比较自私、悲观和内向。他们或是要求得到更多帮助，若是没能得到足够关注，就会满心怨恨，疑心重重。当然克雷奇默也承认，有很多情况是交叉混合的，比如胖子也会产生瘦子的心理特征。这一点并不难理解，比如环境会迫使他们朝这个方向去发展，让他们变得沮丧，缺乏勇气。我们可以想象，系统性的打击，或许会把任何小孩变成神经质的人。

如果我们累积了长期的经验，便可以从人各部分的表现中，看到他与人合作的能力大小。因为合作的需要，我们不断地面对各种要求，凭直觉而非科学方法寻找着各种方法，来指导自己如何在繁杂的社会生活中锁定更好的方向。同样的道理，历史上的每一次大规模动荡之前，人们早已认知到改革的必要性，并为实现这一目标努力奋进，然而因为这种努力源自本能，所以很容易导致错误的产生。通常人们都不喜欢有明显身体缺陷的他人，比如对畸形的或被毁容的人，总是敬而远之。这实际上是因为，人们在不自觉中推断出这些人不适合进行合作，这

当然是极大的错误，尽管这种推断有可能基于以往的经验。对于承受着某些生理异常的人而言，如今还没有找到合适的方法来促使正常人之合作，他们的缺陷也因此被强化，使他们成了大众“迷信”的牺牲品。

总之，人们在四五岁时，奋斗目标就已统一，心灵和身体之间的根本关系也已经建立起来，生活方式得以固定，相应的情感和生理习惯以及特性也都已经定型。而生活方式多少都融合了合作的理念，以其程度的不同，我们可以去理解和评判某个人，比如，所有失败者都有个共同点，那就是合作能力极低。所以我们可以给心理学再标注上一个定义：它是对人们合作精神缺陷的研究。心灵是一个整体，向心灵看齐的生活态度贯穿于所有表达之中，那么人的情绪和思想也必然会和他的生活方式保持一致。当某种情绪成了显而易见的障碍，并且触犯了自身利益，此时若是想对情绪本身做出改变，只会是徒劳无功，因为它们是个体生活方式的真实呈现，只有改变生活方式，才能彻底改变这些情绪。

针对教育和医疗未来的发展，个体心理学在这里提供了一个特殊的线索。基于人们的个性，我们绝对不能只是去治疗某种病症，或单纯地去解决某一方面的问题，而是必须要了解个体选择的生活方式，心灵对自身经历的解释方式，和个体赋予生命的意义，从他的身体对外界获取的印象所做出的反应和所采取的行动中，找到他错误的观点，这就是心理学真正要做的事情。真正的心理学，不会用针去扎一个小孩看他能蹦多高，不会挠他痒痒看他有多乐，然而这样的做法在现代心理学里却十分常见，尽管这样也能够探索出一些人类心理方面的东西，但往往也只能证明个体拥有固定的生活方式罢了。

心理学最适合研究和调查的对象应该是生活方式，把其他方面作为研究对象的心理学家则更偏向于生理学或生物学。对于那些研究刺激反应的人，那些试图找到“创伤”，也就是不良经历所导致影响的人，那些研究遗传能力及其发展的人来说，这样的做法虽没有大错。但是，在个体心理学里，我们思考的是灵魂，是统一的心灵，研究的是个体赋予社会和自身的意义，他们奋斗的目标、方向以及生活方式。一路走来，我们发现了解个体的最佳方式，就是研究与人合作的能力。

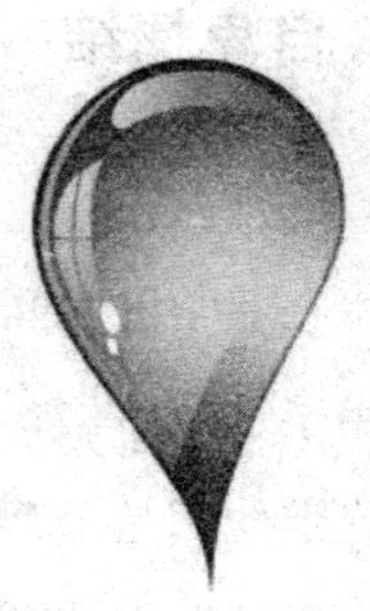

第三章　自卑感与优越感

自卑情结

“自卑情结”，是个体心理学世界闻名的最大发现。不同的学派和心理学家也都采用了这个术语，并将其运用于各自的实践当中。不过，我并不确定他们是否都已经完全理解它，并进行了正确的运用。譬如，告诉病人他有自卑情结的行为就毫无意义，这么做只会增加其自卑感，而无法令其知道该怎样克服这个情结。我们必须要找到病人的生活方式中暴露出的力不从心之处，并在他失去勇气时对其进行鼓励。

所有的神经症患者都带有自卑情结。如此判定是因为在某种情境里，他们会觉得自己一无是处，并对自身的努力和行为活动做出各种限制。只是告诉他患上了这种病，毫无用处。我们说“你有自卑感”，根本无法让他们变得更加勇敢。这就好像是在对一个头疼的病人说：“我知道你哪儿不舒服，你头疼！”

如果问许多神经质患者是否感到自卑，他们会回答“没有”，有的甚至会回答“恰好相反，我觉得自己比周围的人更加优秀”。

其实我们不用去询问，只需要观察他们的举止，因为只有举止会反映出他们在用何种方式自我安慰，而不是口头上说自己很重要。比如，当我们看到某个傲慢自大之人，可以猜到他的想法："别人可能会忽略我，我要让他们明白，我可是个人物。"当我们看到某人说话时手势有力，可以推测他在想："如果不做强调，我的话就会没有力度。"

我们发现，在各种展现优越性的行为背后，都可能存在着某种需要极力掩饰的自卑感。就好像有人觉得自己太矮，便踮起脚跟走路，好让自己看起来高大一点。有时候，这样的行为在比高矮的孩子身上更清晰可见，担心自己比别人矮，就会挺起胸膛站得笔直，尽力让自己比实际情况高大一些。但当我们问孩子："你觉得自己太矮了吗？"很难会得到他们的承认。

所以，我们不难推断：有着强烈自卑感的人会表现出服从、安静、拘谨、不令人讨厌。自卑感的表达方式有千千万万种，下面的小故事或许可以说明这一点。有三个孩子，第一次去动物园。当他们站在狮子笼前的时候，一个孩子躲到母亲身后，说："我要回家。"第二个孩子面色苍白，浑身颤抖地站在原地，说："我一点都不怕。"第三个孩子恨恨地瞪着狮子，问母亲："我能向它吐口水吗？"这三个小孩其实都很害怕，但每个人都根据自身的生活方式，以不同的方法传递出这种感受。

每个人都会有不同程度的自卑感，因为每个人都处于自己期望改善的处境当中。如果保持勇气，我们便可以用直接、现实且有效的唯一途径——改善处境——来摆脱自卑。没有谁可以长期忍受自卑，否则必然会陷入“要求采取某种行动”的紧张状态之中。如果失去了勇气，人们就看不到“踏实的努力可以改善环境”这个层面，那么依然无法承受自卑，就会想办法去摆脱，只不过所采取的行动对自身毫无裨益。虽然目标依然是“不被困难所动摇”，但却不去想办法克服阻碍，而是劝说或强迫自己采取展示优越感的行为。与此同时，自卑感会愈发强烈，因为产生这种情感的处境毫无改变。根本问题依旧存在，采取的每一步行动便都是自欺欺人，所有问题就会更加迫在眉睫。

如果单单只看行为而不去深入理解，我们会认为这样的人没有目标。他们给人们的印象便是，并没有将想法付诸于实践去改善自身处境。不过当我们一旦认清，他们和其他人一样，在努力获取某种充实感，却放弃了改变处境的任何现实希望，他们的逃避行为便都有了意义。当他们感到软弱，他们便会制造出自我感觉强大的情境，不是把自身训练得更加强大，更为有能力，而是把自己训练得如何在自己眼中看起来更强大。他们尽力欺骗着自己，却只能获得部分成功。如果他们感到无法胜任工作，在家里就会变成一位暴君，试图用这样的方式聊以自慰，证明自己的重要性。不管他采用什么样的方式来欺骗自己，真实的自卑感仍然存在，仍然会在与往日相同的情境下促发而产生，会形成个体心理结构中一种永远都不会消失的暗流。于此，我们才能谈到真正的自卑情结。

现在应该给自卑情结做出精确的定义了：当某个问题出现，个体对此无法适应或应对，并确信和强调自己无法解决时，这个时候个体表现出的就是，自卑情结。这个定义告诉我们，愤怒、流泪、道歉，都可能是自卑情结的表现。因为自卑感总是会转变为压力，所以又总会产生指向优越感的补偿性行为，但这些行为并不能解决问题。指向优越感的行为只会面向生命中无用的一面，真正的问题被抛之脑后。这样的人会用各种方法限制自身的活动范围，尽力避免遭遇挫败，却不把心思花在努力奋进上。他们给世人的印象只会是瞻前顾后，停滞不前，甚至是畏首畏尾。

在恐惧症的病例里，能很清晰地看到这样的状态。这种病症所表现的心理活动是这样的："我不能离开太远，必须要待在熟悉的环境中。生活到处都是危险，我得小心谨慎。"总是抱着这种心态的人，会把自己关在屋子里，或是待在床上不愿下来。

面对困难，最彻底的退缩方式便是自杀。当遭遇生活中各种问题之时，会有人选择用自杀来结束一切，表达出认定自己已无力回天的想法。如果我们认识到，很多时候自杀是某种谴责或报复，就不难理解在自杀中也潜藏着对某种优越感的争取。自杀的人常常会把自己的死归咎于他人，仿佛是通过死亡在述说："我是这世上最脆弱最敏感的人，你却这样残忍地对待我。"

在一定程度上，神经症患者会限制自身的活动范围，控制自己与外界的联系。他们把生活中所有的问题都集中在一起，把自己放在自认为能够控制的环境里，并竭尽全力保持与现实生活的距离。就好像，他们给自己建起一间狭窄的小屋，两耳不闻窗外事，紧闭房门度一生。对于这种控制，是以温柔或是强硬的方式进行，就要看他们的修养了，而他们会选择所发现的最有效的方式来实现目的。若是对一种方法不满意了，就会尝试另一种，不论方法怎么变，目的始终如一——不去努力改善处境，又期望获取优越感。

譬如，一个沮丧的孩子忽然发现，眼泪是可以满足自己想法的最好工具，那么他就会变得爱哭起来，而爱哭的孩子之后又会成为忧郁的大人。眼泪和抱怨被我称为“水的力量”——是中断合作、奴役他人的绝佳武器。如同那些或害羞、或拘谨、或带有罪恶感的人一样，在爱哭的孩子身上，我们也能看出某种自卑情结。他们总是毫不犹豫地承认自己很脆弱，无法照顾自己。他们总想隐藏自己内心时刻存在的优越于他人的目标，隐藏自己不顾一切都要高人一等的期望。反之，如果是喜欢吹牛的孩子，在人们的印象中似乎是带着优越情结，但实际上在我们对他的行为进行研究之后，很快就能看出他那不愿承认的自卑感。

我们所说的“俄狄浦斯情结”,其实就是神经症患者及其“狭窄小屋”的一个特例。若是某个人害怕用认真的态度去面对爱情问题，那么他就没有办法克服自己的神经症。若是他把自己限制在家庭圈子里，那么他的性的欲望会在这种限制中得到表达。这并不奇怪，因为他有种不安全感，比如除了最熟悉的几个人外，他从不正眼看其他人。他已经习惯去控制自己定义的圈子里的人，却恐惧无法同样控制圈外的人。被母亲溺爱的孩子，都是俄狄浦斯情结的牺牲品。他们接受的教育让他们认定，自己的意愿就是法律，却从未意识到，在家庭范围外，是可以通过自身努力来获取情感和爱情的。这些孩子在成年之后，还会抓着母亲的围裙生活，对于爱情，他们寻找的不是平等的另一半，而是仆人，但能让他们完全放心依赖的“仆人”却是母亲。在每一个小孩子身上，似乎都可以看到俄狄浦斯情结，这样的推测只需要基于这样的情况：妈妈宠爱他，不许他对别人产生兴趣，而爸爸却相对冷漠，甚至冷酷。

所有的神经症症状都会表现出受限行为。在口吃的人进行的语言表达过程中，我们能够感受到他犹豫的态度。残留的社会兴趣在推动着他的人际交往，但他的内心并不自信，害怕失败，这些都与他的社会兴趣相左，所以导致他在语言上的犹豫不决。校园中的后进生，三十几岁仍然失业之人，逃避婚姻的人，无法重复相同动作的强迫性神经症患者，过度疲劳以至于无法面对日常工作的失眠症患者，他们都潜藏着自卑情结，并受到阻碍，在解决生活难题方面无法正常取得进展。在性方面，有手淫、早泄、阴萎和性的欲望倒错情况的人，都显现出某种错误的生活方式，这是因为他们在亲近异性时感到力不从心。倘若我们追问：“为何会感到力不从心？”我们能进一步发现伴随其中的期望高人一等的目标，而这个问题唯一的答案则是：“因为他们的野心太过，所以根本没办法实现。”

我们提到过，自卑感本身是正常的，是人们处境得以改善的原因。比如，只有当人们意识到自身的无知，意识到自己需要为未来做出准备时，才可能推动科学的进步。科学进步是人类改善命运、更深入地了解宇宙并更好地与之相处的结果。是的，在我看来，人类的一切文明成果都建立在自卑感的基础上。试想一下，如果一个公正的宇宙观察员到访地球，他肯定会得出以下结论：“这些人类啊，建立起各种组织机构，努力获取安全感，修起屋顶来避雨，穿上衣服来保暖，修建道路来方便同行，显然他们觉得自己是地球上最弱小的生物。”从某些方面来看，人类确实是地球上最弱小的生物。我们缺少猴子和猩猩的力量，许多动物都比我们更适应独立面对各种困境，有的动物还懂得利用联合——成群结队——来弥补自身的弱小，和已知的自然界其他生物相比，我们人类则需要进行更多样的，更为基础的合作。

人类在幼儿时期是极为弱小的，需要得到很多年的保护和照顾。我们每个人都经历过最稚嫩弱小的阶段（即儿童），而人类若是不相互合作便会完全受环境牵制，因此我们可以这样说：如果一个孩子没有学会如何与人合作，那么他就会陷入悲观失望以及一种牢不可破的自卑情结之中。我们还能清楚地意识到：即便是对于最富有合作精神的人而言，生活的问题也从不会间断。没有谁会认为自身所处的境遇已经实现了超越群体、完全控制环境的最终目标。生命如此短暂，身体柔弱不堪，但人生的三大问题又持续不断地要求我们去寻找更丰富且完美的答案。或许我们总能找到生活某个阶段暂时的答案，但绝不会就此对已有的成就感到知足。不论什么样的人，都会坚持奋斗，但只有与人合作之人，所进行的才是充满希望且有效的奋斗，是真正为了改善人类共同处境的奋斗。

人们永远都没有办法达成最终的目标，我想没人会质疑这一点。我们可以想象某个人，或是整个人类，已经到达了某个再也不会出现困难的境界，在这样的境界里生活肯定无聊至极。每一件事都能被预见，被提前计算出来。明天不再意味着任何想象不到的机遇，未来也不再值得期盼。生命的乐趣恰恰又主要来自于缺乏认同和肯定。一旦我们对所有事情都确定无疑，对所有事情都知根知底，那探索和发现也就再也没有任何必要了。科学走到了尽头，浩瀚的宇宙也只不过是重复的故事罢了。艺术和宗教原本可以提供理想，在这样的情境下也失去了全部意义。如此看来，我们尚还拥有来自生活的无穷挑战，这是多么幸运的事情啊。人类的奋进永不停歇，总在不断发现和制造新的问题，为合作与奉献创造新的机会。

不过从一开始，神经症患者的改善就困难重重。他们解决生活难题的方法极其肤浅，于是相应的，他们个人的问题便会很大。对于个体自身的问题，正常人会创造出愈发有意义的解决方法，能接受新问题并寻找到答案，从而对社会有所贡献。

正常人不愿拖人后腿不愿成为他人负担，不需要也不要求获取特殊照顾，他们会根据自身的社会感和自我需求，独立勇敢地解决自己的问题。

优越感目标

优越感目标存在于每个人身上，但又各有不同。它依赖于个体赋予生命的意义，而这种意义不是说说而已，它显现在每个人的生活方式中，就像一首个人原创的奇妙主题曲贯穿其间，人们并不愿意把它表现得一目了然，而是通过极为间接的方式，这样他人只能从某些线索中对其进行猜测。了解一个人的生活方式就好像熟读一位诗人的作品。诗人用的只是文字，但意义却远不止于所用的文字。意义的大部分内涵必须通过探究，也有可能凭借直觉推断而出。我们需要推敲文字获取意义，对于极为丰富且复杂的个人生活方式的探究，也是如此。心理学家必须要学会认真推敲，学会如何去发现隐藏的意义。

别无他法，在四五岁的阶段，我们就已经赋予了诠释自身生命的意义，这并不是使用数字计算得出的结果，而是通过在黑暗中摸索，通过感受尚未完全理解的情感，通过捕捉线索探寻解答而做出的诠释。同样，人们通过探索和猜测锁定了自身的优越感目标。这个目标是一生的欲求，是动态的倾向，而非地理上已被圈出的定点。没有谁可以完整且清晰地描述出自身的优越感目标，或许他清楚自己的职业目标，但这只不过是一生奋斗的一小部分罢了。比如有人想要成为医生，但成为医生可能意味着会做出各种别的事。他或许不只是想成为某个医学领域的专家，还会在职业生活中表现出对自己和他人奇特的兴趣程度。我们会发现他总在强化自己助人的程度，并为这种帮助程度设下标准。他已然把职业作为了弥补某种自卑感的通道，而通过他在工作和其他处境中的表现，我们可以推测出他需要弥补的是哪种自卑。

比如说，我们常常发现，身为医生的人在其童年时期就认识到了死亡的真相。死亡——兄弟姐妹或父母的过世——所带给他们的最深感受，是展示人类不安全的一面。这使得他们的成长方向转向了“要为自己和他人找到一种更加有效的与死抗争的方法”。

还有的人会宣称自己要当教师，但我们都知道教师也分很多种。如果一个人社会感很低，那么他通过成为教师而获取的优越感目标，可能仅仅只是想出头而已，因为只有与那些他自认为比己弱小、更缺乏经验的人在一起，他才可能会拥有安全感。具有高度社会感的教师会平等看待学生，会真切地希望能为人类贡献力量。在这里我们只提一句，教师之间的能力参差不齐，兴趣各有不同，他们的外在表现是其个人目标的明确表达。

一旦锁定目标，个体潜能便会被削弱和限制，以此来适应目标。但不论在何种情况下，整体目标，也就是我们所说的原型，总会拉扯着这些限制，找出某个突破口，来表达个人赋予生命的意义，争取最终的优越感目标。

对于任何人来说，都必须看清表现背后的东西。人们可能会改变个人目标，或改变宣布个人目标的方式，正如可能会改变个人目标的表现形式——职业——一样。因此我们需要看到其中隐藏的连续性，看到人格的统一性。在任何表现背后，这种统一性都是恒定不变的。就像一个不规则的三角形，我们旋转到不同位置，就会看到一个不同的三角形，可是再看得真切一些，就会发现不论如何旋转，它都是同一个三角形。原型亦复如是，不会完全暴露于行为的某一方面，但我们可以集合各种表现而认出它来。我们无法对某个人说，如果你这么做或那么做，就可以彻底满足对优越性的追求。对优越性的追求是极为灵活的。实际上，一个人越是健康，越是正常，在当他的努力在某方面遭受阻碍时，就越能够为努力找到更多的新通道。只有神经症患者才会死守着既定目标说："我必须得到它，否则将一无所有。"

我们必须小心翼翼，不要急迫地评判任何对优越感的追求。我们可以发现，所有的目标都有一个共同点——努力成为神一样的人。偶尔我们会看到有孩子公开表达"我想成为上帝"，很多哲学家也有此想法。还有的教师希望把孩子们教育或训练得如同上帝一般。在古代的宗教戒律里，也存在相同的目标：教徒们要把自己修炼到神的境界。“超人”的想法是“变得神圣”这一观念相对温和的一种表现形式。比如尼采，他在疯掉以后，在给斯特林堡的一封信里署名为“被钉在十字架上的人”，他表达了相同的观念。

疯子往往会毫无顾忌地表达出自己希望获得像神一样的优越感目标，希望自己成为举世瞩目的焦点，希望不断引起大众关注，希望通过无线电触摸到整个世界并倾听一切谈话。他们希望自己可以预见未来，拥有非凡的超能力。

这种企望像神一样的目标，或许会被人用更温和理性的方式表达而出，表现在想要无所不知，想要拥有超凡智慧，或是想要长生不老的欲念之中。不论是想要在一世中长生不老，还是想历经轮回重返世间，抑或想在另一个世界里永垂不朽，这些企望都是建立在想要成为“上帝”的基础上。在宗教的教义里，只有上帝能得以永生，只有上帝能世代永存。在这里我们暂且不去探究这些观点的正误，它们都是对生命的诠释，都是“意义”。你我多少都不同程度地采取了这个意义——成为上帝，变得神圣。就算是无神论者，也会有征服上帝的欲望，想要比上帝略高一等。不难看出，这确实是一种万分强烈的优越感目标。

人一旦确定了优越感目标，生活方式便会为之服务，不论对错，因为所有行动都会与目标保持一致。但是为了达成明确的目标，人的所有习惯和行为本身又都是自认为完全正确的，这毫无争议。所有的问题儿童、神经症患者、酗酒者、罪犯、性变态等，他们各自的生活方式都是在达成自认为的优越感目标，做出的协调一致的行为。我们无法去指责这些行为本身，如果一个人追求某种目标，那么他理应表现出某种行为。

某个学校里有个男孩，是全班最懒的。一位老师问他："你功课怎么这么差？"他回答："如果我是班上最懒的，你就会多花时间在我身上。你从不关注好学生，他们不会捣乱功课又好。"如果这个男孩的目标是引起关注并控制老师，那么他的确找到了最好的办法。单纯地想要让他改掉懒惰习惯绝无可能，因为他需要通过"懒惰"来实现个人目标。如此看来，他又是完全正确的。

还有个男孩在学校是差生，在家很听话却不机灵，甚至看起来有些蠢。他哥哥大他两岁，生活方式与他截然不同，他哥哥聪明活跃但行事鲁莽，惹麻烦。有一天，弟弟对哥哥说："我宁愿像现在这样蠢一点，也不想像你那么粗鲁。"当我们意识到，弟弟是为了实现个人目标而表现得蠢，那么他的行为举动可视为明智。因为他蠢，人们对他的要求就很低，如果他犯错，也不会受到过多指责。从他的个人目标出发，他若是不表现得蠢才是真正的蠢。

直到今天，我们对各种问题的解决方法一般都是对症下药。不论是在医学或是教育领域，个体心理学对这种办法都持完全否定的态度。当一个孩子数学不好，或者学校给予的评语不佳时，如果我们只关注到这些细节，就算再尽力去帮他改善也会毫无成效。孩子或许是想通过这样的方式令老师生气，甚至想要以此让自己被开除,从而逃避学校。如果我们禁止他采用某些方式，他马上会找到新的办法来达成目的。

成年人中的神经症患者也是这样的情况。有人患有偏头痛，而这种头痛对他会很有用，如果他高兴，头痛便会适时发作。偏头痛可以让他逃避各种生活难题，比如每当他被迫与陌生人见面，或是需要做出决定的时候，头痛就会发作。不仅如此，头痛还可以帮助他控制他人，下属、配偶或家人。我们怎么能寄希望于，让他放弃这个已被证实行得通的有效工具呢？在他眼里，头痛不过是一笔精明的投资而已，它能带来任何自己想要的回报。毋庸置疑，给出一个可以震惊到病人的解释，就可以“吓跑”他的偏头痛，就好像有时候用电击或假手术可以改善战士的弹震症一般。或许药物可以减轻病人的病痛，令他难以维持自我选择的病症，但如果不去改变他的个人目标，就算他放弃此病症，也会再找出另一种病症。偏头痛“好”了，他又会失眠，或患上别的什么病，只要目标如一，他就不会放弃追求。

事实上，的确有这么一类神经症患者，能以惊人的速度“克服”病症，又立马召唤出新的病症来，他们简直就是神经症高级患者，可以不断扩充自己的病症戏码。让他们看心理治疗方面的书籍，这只会给他们提供患上更多毛病的机会。此时我们必须清楚，他们选取这种病症的目的以及目的与优越感目标之间的一致性。

假如我拿来一把梯子放到教室里，爬上去蹲在黑板顶部，很多人看到了都会想，阿德勒博士是疯了吗？因为他们并不知道我拿梯子想要干什么，我为什么要爬上去，蹲在那样一个不舒服的地方。但当这些人了解到，我想要坐到黑板上的原因是若是我的位置无法比别人高就会有自卑感，而从高处俯视学生的时候，我才会觉得安全。人们就不会认为我疯得很厉害了，我只是用了一种自认为极佳的方式来实现个人目标。这时候梯子变身为一个合理的工具，而我爬梯子的行为也显得很得当了。

如果说我疯，也只有这一点：对优越感的解析。如果有人可以令我信服我的既定目标实在是最差的选择，那么我便会改变自身行为。但假使我的目标没有改变，就算撤走梯子，我照样还会借助凳子再爬上去，如果凳子也被撤走，我就会试试看能不能蹦跳起来爬上去，总之我会通过自己的方法爬上去。每个神经症患者的行为都类似：选择的方法都没错，都无可厚非。我们只能去改变他的既定目标，改变目标后，他的心态和心理习惯也会随之改变。当旧习惯和旧态度不再被需要时，新目标下的新习惯和新态度才会顶替上来。

举个例子，一位三十岁的女性来问诊，说自己有焦虑症，而且没有办法和人交朋友。她无法养活自己，因此成为家庭的负担。偶尔她也会去做秘书之类的工作，但很不幸，她的老板总是想占她便宜。她受到了很大伤害，不得不辞职。可是有一次，她又得到一份工作，老板对她没什么兴趣，也没有占她便宜，她却感觉自己受到了侮辱，因而再次辞职。她已经接受了很多年的心理治疗——我想有八年了——但仍然无法改善她的人际交往，也没能使她寻求到一份可以养活自己的工作。

在给她看病的时候，我把她的生活方式回溯到童年最初的阶段。不先学会了解孩子，又怎么能了解成年人。她是家里最小的孩子，拥有美貌，很是受宠。那时候她家境富裕，她只要一开口要求就能得到满足。知道这些情况后，我说："你真的是像公主一样长大的。"她回答："好神奇，那会儿他们就是叫我'公主'呢！"我询问她最早的记忆，她说："我记得在四岁的时候，我走在户外，看到很多小孩在玩游戏，他们时不时就会跳着喊'巫婆来了'，我很害怕，回到家就问了一个同住的老婆婆，是不是真的有'巫婆'，她告诉我'有啊，有许多巫婆、小偷和强盗，都会跟着你。'"由此我们能够发现，她恐惧与人单独相处的原因了。她在自己的生活方式中表达了这种恐惧。她认为自己不够强大，离不开家，需要家人各方面的支持与照顾。此外，她还有另一个早期记忆："我曾经有一位钢琴教师，是男性，有一天他企图吻我，我停下弹琴跑出去告诉了母亲，从那之后，我再也不愿意弹钢琴了。"从这里我们也能发现，她懂得了需要与男性保持很大的距离，而她的新发展也与"不谈恋爱从而保护自己"的目标保持一致，她认为恋爱是一种软弱的表现。

在这里我想说的是，很多人在恋爱的时候都会感到软弱。

某种程度上而言，这是对的。恋爱的时候，我们必须要很柔和，对他人的兴趣会让我们容易受伤。只有当优越感目标无坚不摧，且不会暴露出来的时候，人才会逃避恋爱这种互相依赖的关系。这样的人总是对爱情敬而远之，也不会与人相恋。一旦他们感到有坠入爱河的危险，就会嘲讽这种情况，讥笑并排斥那些“威胁”到他们的人。他们是在通过这样的方式来摆脱软弱感。

这个女人在爱情和婚姻的问题上感到软弱，因此当工作中有男性接近时，她就会大受影响，除了逃离，别无他法。在面对此类问题的同时，她的父母也相继离世。“公主”的王朝彻底垮塌了。于是，她试图依赖于一些亲戚，但事与愿违，没过多久亲戚们便厌倦她了，不再给予她内心所需要的关注。她向他们抱怨，声称让她独自一人太危险，通过这样的方式，她摆脱了自力更生的“悲剧”。

我敢保证，如果亲戚们不再管她，她一定会疯掉。强迫家人支持是她实现自身优越感目标的唯一途径，这让她不用再为一切生活难题焦虑。她内心的想法是：“我不属于地球，属于另一个地方，在那里我是公主，地球人不了解我，不懂我有多重要。”再严重一点，她便会疯掉。还好她有些小办法，能让亲戚们继续照料她，暂时不会让她走到最后不堪的境地了。

再来看一个可以同时清晰看到自卑情结与优越情结的例子吧。一个十六岁的女孩被送来问诊。她在六七岁的时候开始出现偷窃行为，十二岁的时候开始和男孩在外过夜。在她两岁时，她的父母经过长期的争吵后离婚，她被判给了母亲，和母亲一起住在外婆家里。女孩出生在父母争吵最激烈的时期，她的母亲对于她的到来一点也不高兴，也不喜欢她，她们的关系异常紧张。在这种情况下，老人总是会很宠溺孩子，她的外婆便是如此。

我用友好的方式与其交流，她告诉我说："我并不是真的喜欢偷窃，或跟男孩瞎混，我只是想让妈妈明白，她管不了我。""你这么做是为了报复吗？"我问她。她回答："我想是的。"她想要证明自己比母亲更强，但实际上她锁定这样的目标，是因为她感到自己比母亲软弱。她认为母亲厌恶自己，于是产生了自卑情绪，她能想到的唯一可以肯定自我优越的办法就是招惹是非。如果儿童表现出偷窃或是其他不良行为，往往都是想要报复。

另一个十六岁的女孩在失踪八天后被找到，随后被送上了少年法庭。她在法庭上说自己被一个男人绑架，关在一间屋子里，整整八天。没有人相信她的话。医生私下与她沟通，希望她说出实情，她见医生不相信，很是愤怒，还给了医生一个耳光。见到这个女孩后，我问她，想成为什么样的人，并告诉她，我只是希望她幸福，尽可能地帮助她。当我要求她讲述一个梦时，她笑了笑，告诉我她梦见："我出生时遇见了妈妈，不一会儿爸爸也来了，我求妈妈把我藏起来，因为爸爸看到了我。"

她害怕父亲，便总是和他作对，也因此总是被他惩罚。因为害怕受罚，她选择说谎。通常我们一听闻关于撒谎的事情，都会认定说谎者拥有严厉的家长。除非感到说出真相会遭遇危险，要不然撒谎没什么意义。另外，我还得知，有人引诱她进了一间酒吧，她在酒吧过了八天，因为害怕父亲，她不敢承认，同时她的行为动机又是在挑衅父亲，企图战胜父亲。她认为受到了父亲的管制，只有通过伤害他，才会感到自己胜利了。

如何才能帮助这些在追求优越感时走上歧途的人们呢？如果我们意识到，对优越感的追求人人有之，便不难做到了。这样的话，我们便可以感同身受他们的努力了。他们唯一的错误是：他们的追求不可能达成任何有用的目标。对于优越感的追逐，给人们以动力，我们的人类文明便以此为源头。人类发展一直是沿着这条伟大的行动纲领在前进着，从下到上，从负到正，从失败到成功。然而只有那些在努力过程中展现出利他精神的人，那些以奋进方式爱人利物的人，才可以真正地正确处理并控制生活难题。

如果采取适当的方式对待病人，我们会发现他们并不一定难以说服。总而言之，人类对于价值和成功的全部判定都基于合作，也是一个伟大且普遍存在的真理。人们对于行为、理想、目标、活动以及性格特征的全部要求，就是应当有利于人们的合作。没有谁会完全失去社会感，就连神经症患者和罪犯都知道这个道理，他们不择手段为个人生活方式开脱罪名，又想方设法把一切责任推卸给他人。从这些做法中我们深知，他们是了解这个道理的。然而，他们早已失去了勇气，无法过上一种有用的生活。自卑情结纠缠着他们："你不可能与人合作。"于是他们躲开生活中真正的问题，去和虚幻的阴影做斗争，以肯定自身的力量。

在人类的劳动分工中，存在各式各样、林林总总的目标。如我们所见，或许每种目标都有可能存在瑕疵，我们也总能发现一些错误，但是人类的合作原本就是需要众多不尽相同的长处。对于一个孩子来说，他可能擅长数学，对于另一个来说，可能擅长艺术，对于第三个而言，可能擅长体育。消化不良的孩子可能会认为问题主要出在营养上，于是他的兴趣可能会转向食物，因为他认为这样就能改善自身处境，而最终结果可能是，他成为了一位专业厨师或营养专家。在这些相对的目标中，我们不但能够看到人们对困境的真正弥补，还能够看到对不良可能性一定程度上的排斥以及对自我限制一定程度上的超越。就好像，哲学家们必须时而隐匿以冥思立著。不过，假如优越感目标伴随着高度的社会感的话，那便不会产生什么大错。

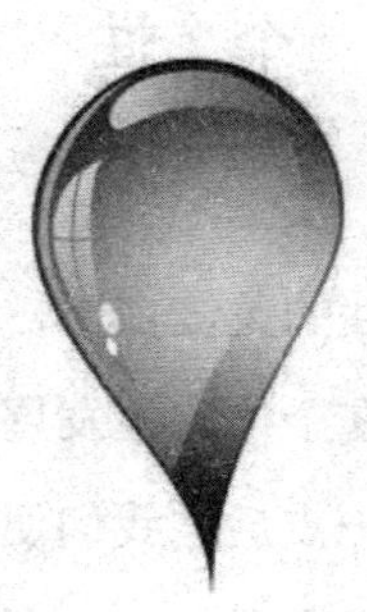

第四章　早期记忆

个 性

洞察一个人全部个性的关键在于，他为实现自身优越地位所做出的努力，而我们在个体心灵发展的每个节点上都能看到这样的努力。认识到这一点后，我们便能够以此来了解个体的生活方式，但需要记住两个要点：一是，我们能够随时随处进行这项了解工作，任何表现都会指引我们的研究朝向同一个方向——构成个体个性的动机和主题；二是，我们可以使用的材料十分丰富。每个文字、理想、感受、手势等，都有助于我们开展了解的工作。任何轻率地评判个性的某方面，或某一表达所犯下的错误，都可以通过参考其他各方面和各种表达来遏制和修正。只有在看清某个方面在整体中所起的作用后，我们才能对其意义做出最终判断。但由于每个方面都显示出的是相同的东西，所以推动我们达成一个相同类型的解决方案。

就像考古学家一样，通过寻找陶器和工具的残片、建筑物的断瓦残垣 、破损的纪念物以及草纸的残页，然后从这些碎屑中推断出某个已被毁灭的城市的生活。但我们探究的不是逝去的事物，而是生活中相互联系的方方面面，它们如此鲜活地将一个充满各种生命诠释的画幅呈现在人类面前。

想要了解一个人并不是一件简单的事情。在所有的心理学学派中，个体心理学可能是最难学习和运用的一个。我们必须要倾听到全部经过，必须要秉持怀疑的态度直至找到关键之处，必须从大量的微小，信息中——他如何走进房间，如何打招呼，如何握手，走路的姿态，找到提示。可能在某些方面上，我们也会犯错，但在其他方面，总会进行修正，或是确认我们的想法。治疗本身是一种基于合作的测验与练习。只有真诚地关心他人，我们才可能成功。我们必须同时找出他人的困境与态度，如果他尚未了解自己，就算我们自认为已经了解病人，也没有办法证明我们的想法是正确的。无法处处适用就绝不是精准的真理，这说明我们了解得还不够深入。

大概是因为还没意识到这一点，其他心理学学派才会提出“正负转移”的观点，而这个观点在个体心理学中，从未出现过。要知道纵容一个习惯了受宠的病人或许很容易获取他的好感，但他潜在的控制欲会愈加明显。如果选择轻视或忽略他，可能很容易激起他的敌意，以至于他会中止治疗，或在后续治疗过程中，找出各种借口让我们难过。不论是纵容还是轻视，都帮助不了他。我们必须在他面前展示出，一个人对另一个人的兴趣和关爱，而且是最真实最主观的兴趣。我们必须要和他合作起来，寻找他的错误，这是为他着想，也是为他人造福。带着这样的目标，我们绝对不能冒然地去制造“转移”，自居权威，使病人处于依附他人、不负责任的境地。

在心灵各种各样的表现中，早期记忆是最能揭示事物本质的形式。这可谓是人们的随身物品，提醒着人们牢记对自身的各种限制以及赋予各种事物的意义。记忆绝不是偶然的。人们在接受数不胜数的各种印象时，不论那些记忆有多模糊，都会选择记住那些自认为与自身问题相关的东西。这些记忆是一个人“生活故事”的代表，他会反复地去到这些故事中寻求安慰和温暖，以这个故事来激励自己全身心地朝向自己的目标，用过往的经历和验证过的方法来为应对未来做准备。在日常生活中，我们可以明确地体会到，记忆被用来稳定情绪。若是某人遭遇挫折，深感沮丧，便会回忆从前的挫败经历；当他开心快乐，勇气满满的时候，又会选择另外的不同记忆，他回忆的经历都是令他感到愉悦的，会使他更加乐观。同样，若是有人陷入困境，便会召唤起所有能够帮助自身形成解决态度的记忆。

因此，记忆能够产生和梦一样的作用。很多人在需要做决定的时候，便会梦到自己顺利通关了一场考试。他们把需要做的决定看作为一场考试，希望重塑出一种成功的心境。在每个人的生活方式中，那些针对心境变化还能站得住脚的东西，对于一般的心境结构和心理平衡也都能站得住脚。忧郁的人若是回想起曾经的美好时光和成功的经历，便会不再忧郁，如果他希望自己“一生不幸”，就只会选择那些他自视为不幸的命运经历来记住。

早期记忆与生活方式

记忆一定会和生活方式协调一致。如果某人的优越感目标让他觉得“别人总在侮辱我”，他就会只选择记得一些自认为被侮辱的事。当生活方式有所改变，他的记忆也会随之改变。他会记得其他不同的事情，或者对所记之事做出不同的注解。

早期记忆重要至极。首先，它是生活方式最简单的表现，能够反映出生活方式的缘起。我们从早期记忆当中可以判断出一个孩子是被溺爱还是被忽视了，看出他期望与谁合作，他对于“与人合作”的学习程度如何，同时还可以看到他所面对的问题以及他如何去应对这些问题等等。譬如一个视力不佳的孩子，曾经对自己的视力进行过专门的训练，我们在他的早期记忆里可以看到各种与视觉相关的印象。他在回忆之初就会提到“我环顾周围”，亦或是描述事物的颜色与形状。再比如一个有身体缺陷的孩子，期望自己可以走路、奔跑和跳跃，他会把这种兴趣表达于记忆之中。童年时期就记得的事情一定会和人主要的兴趣密切相关，而一旦我们了解到某人的主要兴趣，就能知道他这个人的目标与生活方式。因此，早期记忆对于职业指导具有强大的价值。同时，我们还能够从记忆力探索到，孩子与父母以及其他家人之间的关系。至于记忆是否准确，相对而言这并不重要。有价值的是,那些记忆反映了一个人的判断,“我从小就这样”或“从小我就这样看待世界”。

在全部的记忆里，最能反映出问题的就是，一个人怎样开始讲述自己的故事和他能够回忆起来的第一件事。最初的记忆可以反映出人最基本的人生观。这是他对于自身感到满意的第一个表达，可以让我们一眼便知他自身发展的起点。我在研究个体个性的时候，总会询问他们最初的记忆是什么。有的人不会做出回答，或是说自己不确定哪件事先发生，不过这些表现本身就是启示。我们可以由此推断出，他们不愿意与人讨论自己的基础人生哲学，不愿意合作。当然，一般人都很愿意谈论自己的早期记忆，不过他们只是将其看做简单的事情而已，并没有意识到这背后隐藏的意义。我们周围很少有人真正了解最初的记忆，所以大多数人都可以通过早期记忆公正地自然地表达出对自我生活、人际关系以及对自身处境的想法。早期记忆还有一个有趣的地方：这些记忆都十分简要，是浓缩版，于是我们也可以利用这一点做群体调查。譬如让一些学生把自己的早期记忆写出来，如果能够对此做出解释，那么我们对这些孩子们就会有一些最基本的了解。

为了让大家对早期记忆更理解，我在这里列举和分析几个事例。对于这几个事例，除了可以看到早期记忆之外，我对当事人一无所知，甚至不知道他们是孩子还是成年人。在这些早期记忆里，我们所发现的意义本应该用个体的其他表现来进行验证，不过只看记忆内容然后做出推测的话，也能使我们的能力得到提升。这样一来，我们就可以了解到哪些是真的，并对不同的记忆做出比较。特别是我们可以探索出他们的发展，是否通过与人合作进行的，他们是勇敢还是怯懦，是想得到支持与照顾，还是想自力更生，是愿意付出还是急功近利。

早期记忆一："因为我妹妹……"。在早期记忆里会出现谁，这非常重要。如果出现的是妹妹，那么可以确信的是，当事人感到深受妹妹影响，而当事人的发展被妹妹投下了一抹阴影。当孩子友好地与人合作时，他可以有效地把自己的兴趣扩散给他人，但如果心中总是惦记着竞争，他就不会这么做了。当然我们并不能这么轻易地得出结论，或许姐妹俩关系很好。

"我和妹妹是家里最小的孩子，她太小不能上学，我也不能去了。"竞争的意味更明显了："我被妹妹拖了后腿，她比我小，我不得不等着她。是她限制了我的机会！"假如这个早期记忆的真实含义如此，那我们能够推测出，这个孩子觉得："我生活中最大的威胁就是被人限制，它阻碍了我自由地发展。"当事人大概是个女孩，因为男孩好像很少会遭遇类似的限制。

"所以，我们在同一天上学了。"站在当事人的角度，我们并不觉得这样的教育方式是对女孩最好的，反而会给她留下一个印象：因为自己大一些，就必须要站在他人身后。在各种情境下，我们都看到了当事人做出了这样的解释。她认为周围人都喜欢妹妹而忽视了自己，然后她把这种忽视归咎于某个人，而这个人很可能是她的妈妈，于是她会更依赖爸爸，努力成为爸爸的掌上明珠。这一切都合乎常理。

“我清楚地记得，妈妈对每个人都说，我们第一天去上学之后她有多寂寞，还说，‘那天下午，我好几次跑到大门口去看女儿有没有回来，我甚至觉得她们再也不会回家了’”。这是当事人对妈妈的描述。通过这段描述我们不难看出，她妈妈的行为并不睿智，她担心孩子们再也不会回家，这体现出妈妈的确很慈爱，当事人也有所感受，但同时妈妈又是焦虑的。如果我们能与当事人面谈的话，她应该还会说出很多有关妈妈偏爱妹妹的记忆。我们当然不会对此感到吃惊，因为最小的孩子通常都会备受宠溺。从这样的早期记忆里我们判断出：姐姐感到在与妹妹的竞争中受到了阻碍。在她之后的生活里，我们还能发现各种关于嫉妒或恐惧竞争的信息。当事人不喜欢比自己小的女孩，我们对此也不会感到惊讶，有一部分人一辈子都觉得自己很老，很多妒忌心强的女人也总会觉得自己不如年轻女子。

早期记忆二：“我最初的记忆是祖父的葬礼，那时候我三岁。”当事人是个女孩，她认为生活中最大的不安和危险就是死亡。从童年时期的亲身经历中她得出一个结论：“祖父会死去。”我们很容易看到，她是祖父的心肝宝贝，备受宠爱。祖父祖母这一辈人，总是会宠爱孙子孙女的，和孩子父母比起来，他们总想把孩子们都吸引到身边来，以证明自己还能收获感情。人类的文化通常让老人们很难对自身价值做出肯定，有时候他们会通过某些简要方式寻求肯定，比如发牢骚。在这里，我们可以确信的是，这个女孩在她很小的时候，祖父万分宠爱她，正因为如此，女孩对于祖父相关的记忆才会如此深刻，祖父的离去对她的打击非常大。她失去了一个“仆人”，一个盟友。

“我清晰地记得，他躺在棺材里，身体僵硬，面色苍白。”我觉得，让一个三岁的孩子看到离去之人的做法很不明智，特别是当她毫无准备时。很多孩子都曾告诉我，他们对见到逝去之人的印象刻骨铭心，再也无法释怀。这个女孩也是如此。孩子们会觉得医生比别的人更能应对死亡，所以他们讲述最初的记忆时，往往会包含一部分有关死亡的记忆。“他躺在棺材里，身体僵硬，面色苍白”，这是对所见之物的记忆，女孩大概属于视觉型人群，偏爱洞察世界。

“然后我们到了墓地，棺材被放下去，我记得绳子从这个箱子下面被抽了出来。”她讲述了所见到的情境，这一点验证了我们对于她属于视觉型人群的推测。“这次的经历很恐怖。只要一提到哪个亲戚朋友去到了另一个世界，我就会感到恐惧。”我们再次看到死亡带给她的深刻印记。如果能够与她谈话，我会问她：“你长大后想做什么？”她的答案极有可能是“医生”。如果她不做答复或是躲躲闪闪，我就会提示她说：“难道你不想成为一名医生或者一位护士吗？”当她说起“另外一个世界”的时候，我们看到这是她对“死亡恐惧”的一种补偿。从她的所有记忆里可知：祖父宠爱她，她属于视觉型人群，死亡在她的心中意义重大。她从经历中总结出的生命意义是：人人都会死。这当然是事实，但没有谁会为此一直郁郁寡欢，毕竟世上还有许多其他事，会吸引人们的注意力。

早期记忆三：“我三岁的时候，爸爸……”从一开始，父亲这个角色就出现了，于是我们推测出，当事人对父亲的兴趣高过母亲。通常来讲，孩子对父亲的兴趣是发展的第二阶段，最开始他们会对母亲更感兴趣，在一两岁的时候，与母亲的合作很是亲密。孩子需要并依赖母亲，他们全部的心灵活动都和母亲息息相关。但是当孩子的兴趣转向父亲时，母亲就失败了。这个孩子显然对自身的处境不满，一般来讲很可能是因为有更小的孩子诞生了。如果之后我们在这个早期记忆中听到还有比当事人更小的孩子出现，那么我们的推测就是正确的。

“爸爸给我们买了一对小马。”显然孩子确实不止一个，接下来我们很期待能听到关于另一个小孩的描述。“她牵着马的缰绳，把马带到了户外。大我三岁的姐姐……”此刻我们需要修正此前的推断了，这个女孩不是姐姐而是妹妹，那么或许姐姐更受母亲偏爱，所以当事人提到了：父亲和礼物——一对小马。

“姐姐牵着缰绳，得意地在街上遛马。”——这代表姐姐的胜利。“我的小马紧随其后，走得太快，我赶不上。”——表示出姐姐先出发的结果。“我摔倒了，小马拖着我在地上跑。”——原以为皆大欢喜的事情，最终以不太光彩的局面结束。姐姐获胜，赢得一分。我们完全可以确定，这个女孩的想法是：“如果我不小心，姐姐就会获胜，而我总是被击败，总是趴在地上。让我安全的唯一办法就是一马当先。”从中我们了解到，姐姐已经获取了母亲的欢心，而妹妹就此将兴趣转向了父亲。

“虽然后来我比姐姐骑得更好，但这一点也没能减轻这次经历的失意感受。”至此，我们所有的推测都得到验证，姐妹间的竞争得以明晰化。妹妹认为：“我总是落后，必须要拼尽全力冲到最前面，超越其他人。”这种类型的人，我曾经描述过，往往是家庭中的老二或最小的孩子。这类孩子通常有哥哥姐姐作为带领者，他们总是想尽办法去赶超。这个女孩的记忆强化了她的态度，意思是：“若是有人在我前面，我就会受到威胁，我要一直当第一。”

早期记忆四：“我的早期记忆里都是姐姐带着我，去各种聚会或社交场合。我出生的时候，姐姐快要满十八岁了。”当事人的记忆中，自己是社会一员，由此我们可以发现其与人合作的程度比他人高。大她十八岁的姐姐，对她而言一定就像母亲一样，是家里最宠爱自己的人之一，姐姐用某种似乎很聪明的方法扩展着当事人的兴趣。

“因为在我出生之前，姐姐是家里五个孩子里唯一的女孩，没有姐妹，所以她自然很乐意带我四处炫耀。”这样看来实际情况并不是我们想象中那么好。若是一个孩子感兴趣的是“炫耀”，那么她可能只是期望得到社会的认同和欣赏，而非为社会做贡献。“所以，在我还很小的时候，她就带着我到处跑。对于那些聚会，我只记得一件事情，姐姐不停地强迫我做诸如‘告诉这位女士你的名字’之类的事。”这种教育方式是错误的——于是当我们发现，当事人有口吃或者语言障碍时，并不会觉得奇怪。如果孩子口吃，通常都是因为别人过于注意他的语言表述，使得他无法放松地与人交谈，他只是学会了要尽量少开口以避免错误。

“我还记得，我如果不说话，回到家后一定会被批评，于是我开始讨厌外出，讨厌和人打交道。”我们的分析应该进行修正了。现在我们能够发现隐秘在这段早期记忆背后的意义：“别人带我参与人交往，可是我发现这不是件令人愉悦的事情。因为有了这样的经历，我从此开始讨厌与这样的人合作与交往。”于是我们判定，即便是现在，当事人依然讨厌人际交往，我们还能够进一步发现，在与人相处时，她会感到不安，过于关注自我形象。她认为自己应该表现出众，但这样的要求又令自己倍感压力，于是在与人相处时，已经无法感到轻松和平等。

早期记忆五：“在我小时候，有件事情很重大。我四岁左右时，曾祖母来看我们。”我们说祖辈总是宠爱孙辈，但我们还从未了解到，曾祖辈会怎么对待重孙们。“我们拍了一张全家福照片。”当事人对自己的家庭兴趣盎然，因为她对曾祖母的到来，还有拍照的事情记忆得万分清晰。于是我们可以推测，当事人对家庭很依赖。如果推测是正确的，那么其与人合作的能力便不会延伸到家庭圈之外。

“我清楚地记得，我们驱车去了另一个镇上，到照相馆后，我换上了一件白色绣花上衣。”这个孩子大概也属于视觉型的。“在拍全家福之前，我和弟弟先拍了一张合影。”我们再次关注到这个孩子对家庭的兴趣。弟弟是家庭成员之一，我们可能还会听到更多关于当事人与弟弟之间的事情。“他坐在我身旁椅子的后扶手上，手里拿着一个耀眼的红球。”我们可以看出当事人的主要诉求，他认为弟弟更受宠。我们大概能推测出：弟弟的出生，让当事人在家庭中“年纪最小，最受宠爱”的地位不保，他很不乐意。“大人们让我们笑起来。”背后想要表达的是：“他们想让我笑，但我觉得没什么好笑的。他们让弟弟坐在主位上，还给了他一个耀眼的红球，但又给我什么了呢？”

“然后就是拍全家福了。除了我之外，每个人都希望拍出最好的模样，我却一点也没笑。”孩子做出反抗，因为家人对自己不够好。在这个早期记忆中，当事人不忘向我们述说家人是如何对待自己的。“被要求笑的时候，弟弟做得很好，很讨人喜欢。直到今天，我依然厌恶照相。”这一类记忆让我们很好地了解到大部分人在面对生活时采取的方式。从这个印象出发，我们可以进一步解释其他一系列的行为。从而我们得出结论，事实似乎无可厚非。显然，在拍照时这个孩子很不开心，到现在依然厌恶拍照。我们经常看到：一个人如果对某种事物感到异常厌恶，他就会从过往经历中挑选出某种情况来为这种厌恶做出注解，以承担所有责任。这个早期记忆给出了两条线索，让我们可以了解到当事人的个性：属于视觉型；很依赖家庭。在其早期记忆中，唯一的行为发生在家庭圈，当事人似乎不太适应社会生活。

早期记忆六："可能不是最早的，在我三岁半左右发生了一件事，一个给父母打工的女孩把我和表弟带进地窖，给我们尝了苹果酒，我们都很喜欢酒的味道。"在地窖里品尝苹果酒的经历很有趣，是一次探险一般的尝试。如果我们在这个表述下做出判断，可能会在两种推测中选择一个。当事人或许喜欢冒险，有足够勇气面对生活；或者正好相反，她可能会表达出，我们会被胆大之人欺骗，误入歧途。其他记忆可以帮助我们做出选择，"没过多久，当我们想再尝一点时，就自己动手了。"真是个勇敢的孩子，渴望独立。"不一会儿，我的脚发软了，我们把酒洒得到处都是，地窖因此十分潮湿。"我们看到一个禁酒主义者诞生了。

"我不确定这个经历是不是与我讨厌苹果酒以及其他酒精饮料有关。"这件小小的经历诱发出当事人的某种生活态度。客观地来看，这件事的轻重程度好像并不足以导致如此深刻的结论，不过当事人却做出自我定义，认为它足以用来解释自己为何讨厌酒精饮料。我们可以看出，当事人是一个懂得从错误中获取经验教训的人，可能很独立，勇于知错就改。这样的性格可以反映出其一生的特征，似乎在说："我是犯了错，不过我一发现错了就会改正。"如果真是这样，当事人会具有非常好的个性：主动、勇敢、奋进，积极地想要提高自我、改善处境，过上美好且有益的生活。

在所有事例中，我们所做的事情，都是在训练以一种智慧的方式去进行推测的能力。我们必须要探索个体性格方方面面的特征，才可以做出精准的结论。不妨再来看一些事例，它们说明了，个性在所有方面的表现，都是协调一致的。

一位三十五岁，一直被焦虑性神经症折磨的男性来问诊。他说自己一出家门就会感到焦虑。他曾经很多次强迫自己外出工作，但只要一坐进办公室，就会整天唉声叹气，甚至哭闹不止，直到晚上回家，和母亲待在一起后才会停下来。我问起他最初的记忆，他描述道："记得在四岁的时候，我坐在家里的窗户边上，看窗外的人们兴高采烈地干活。"他想看他人劳作，但只是想坐在窗户边上看而已。想要改善他的病症的话，只能让他放弃内心的想法："自己不能和他人一起工作。"一直以来他都认为自己生活的唯一方式是被他人抚养。我们必须要让他彻底改变这个观点。指责、借助药物或是荷尔蒙制剂都是不可行的，他只对"观察"感兴趣。我们还发现他的眼睛近视，正因如此，他对可见之物更加关注。当他长大成人，应该开始工作的时候，他依然想继续观察，而不是工作。然而，这两件事并不是完全对立的，他在治愈之后，拥有了一份事业——与其主要兴趣相一致，开了一家精品店。这样一来，他便以自己的方式参与到劳动分工之中，为生活做出了贡献。

一位三十二岁的男子来问诊，他患上了令人崩溃的失语症，只能喃喃低语，已经有两年的时间。病症的缘起是：某天，他因为踩到了一块香蕉皮而滑到，撞到了一辆出租车的车窗上，此后呕吐了两日，从此便开始偏头痛。显然他是被摔得脑震荡了。不过既然咽喉部位的器官没有病变，那么这次脑震荡压根就不足以成为他无法说话的充分理由。由于曾经有八个星期的时间完全失语，他把出租车司机告上了法庭，但官司很难打。他把这场意外的发生完全归咎于出租车司机，要求出租车公司进行赔偿。对此我们表示理解，若是他把某种程度的伤残展示出来的话，那他在官司里将会获得有利地位。我们并没有说他不诚实，但的确也没有什么大的动力让他自己可以正常说话。这场事故令他震惊之余，他说话确实出现了障碍，但也看不出他自身想要改变这样的处境。

这位患者曾去问诊过喉科专家，但没有找出喉部器官的问题。被问到最初的记忆时，他说："我躺在摇篮里，摇篮是被挂起来的。我记得我亲眼看着挂钩脱落，然后摇篮掉下来，我受到重创。"谁都不喜欢摔倒，但他却过分强化了"掉下来"的部分，并把注意力都集中在了"掉下来的危险"之上，这就是他的主要兴趣。"我一掉下来门就开了，妈妈冲了进来，被吓坏了。"通过"掉下来"，他取得了母亲的关注，但这个记忆又带着某种谴责——“她没有照顾好我”。在他看来，出租车司机和公司犯下了同样的错误——没有照顾好他。这是儿时被溺爱的人的生活方式：总想让别人来“买单”。

这个患者还有一段类似记忆：“五岁的时候，我从二十英尺高的地方摔下来，头被一块很重的板子压着，整整五分钟，我都说不出话来。”他似乎很擅长将自己伪装成失语者，就像经过训练一样，常常以摔倒为借口拒绝说话。我们无法将此作为正当的理由，但他却很坚定。他对运用这种方法得心应手——只要一摔倒，自然就会导致失语。只有当他自己搞明白这个观点的荒谬，认清摔倒和失语毫无关系，尤其是承认自己在事故之后，完全没有必要喃喃低语两年时，他的失语症才能被治好。

另外，在他的早期记忆中，也反映出为何他会对真相难以理解。“妈妈跑进来，”他接着说，“看上去很激动。”他两次摔下来都把母亲吓得不轻，成功吸引了母亲的注意。他是个要求得到过分关注、希望成为焦点的人。我们可以理解为，他很想弥补自身的不幸。若是发生同样的事情，其他被溺爱的孩子通常也会选择这么做，只不过他们未必会采用“失语”这个策略而已。这是这位患者的显著特征，是他从亲身经历中找到的生活方式的一部分。

一位二十六岁的男子找到我，抱怨自己始终无法找到一份满意的工作。八年前，他的父亲把他安排进经纪公司，但他始终不曾喜欢过这一行，最终辞职。他想再找个工作，但一直没有找到。他还说自己失眠，并且常有自杀的冲动。在离开经纪公司后，他离家去往别的城市，曾找到过一份工作，可后来接到母亲生病的消息，他便回家了。

通过他的讲述，我们推测，他妈妈一定很宠爱他，但是父亲对他很专权。从而发现，他活着有可能就是为了反抗父亲的严厉。在被问到家中地位时，他说，他是家里的小儿子，也是家里唯一的男孩，上面有两个姐姐，都对他很专横，父亲总是对他格外严厉，他深感自己在家里受到了所有人的控制，只有妈妈是唯一的伙伴。

十四岁的时候他才去上学，后来被父亲送进了农校，这样一来，他以后就得在父亲打算买下的农场上帮忙。那时候他在农校里表现出众，最后却没有成为农民，因为父亲安排他去了经纪公司。令人难以理解的是，他在经纪公司一干就是八年，他自认为是想为母亲多做点事。

小时候的他，不爱卫生，怕黑，怕独处。通常情况下，孩子不爱卫生，我们必定能发现一个在他身后收拾东西的人；孩子怕黑、怕独处，我们必然会发现一个关注他、安抚他的人。对于这个病人而言，那个人就是他的母亲。他感到很难与人为伴，但在陌生人中他又会感到自在。他未曾恋爱过，对爱情没有兴趣，也不想结婚。他认定父母的婚姻很不幸福，于是我们理解他抗拒婚姻的做法。

他的父亲依然没有放弃，强迫他继续在经纪公司做事，而他自己想要从事广告行业，但他确信家里不会拿出资金培养自己做广告行业。从这一点上，再一次验证他的行为目的是反抗父亲。当他还在经纪公司工作时，就算要养活自己，也从来没想过用自己挣的钱来学习广告行业的技能。而现在他才想起来这件事，不过是用来作为对父亲提出新要求的借口罢了。

在他的早期记忆里我们可以清楚地看到，一个受宠的孩子对严厉父亲的反抗。他还记得自己在父亲饭馆里干活的情境。他喜欢洗碟子，把碟子从一张桌子上换到另一张上，他玩碟子的行为让父亲很生气，当着所有客人的面，父亲扇了他一个耳光。这个早期记忆说明，父亲就是他的敌人。他会用一生的时间与其战斗。到现在他还不想去工作，只是为了伤害父亲，因为只有这样才会使他有满足感。

对于自杀的冲动，不难解释。一切自杀的行为都隐藏着某种谴责。产生自杀的想法，其实是在表达："这都是父亲的错。"对于工作的不如意，也是针对父亲。只要是父亲给出的一切安排，他都反对。然而他又是被宠溺惯了的，没有办法独立创业。实际上他并不是真正想要去工作，而是更想要游手好闲地过日子，还好，他与母亲尚还保持了一些合作。就算是这样，又如何用"对父亲的反抗"来解释失眠呢？当他失眠一整夜后，第二天就会没有精神，父亲让他去上班，可他疲惫不堪，无法工作。当然，他也可以说："我不想上班，不想被强迫。"但他又考虑到了母亲的处境以及家里的经济情况。一旦直接表示拒绝，家人会认定他无药可救,从而不会再照顾他。因此他需要一个借口。那么,“失眠”又是如何被利用来与父亲对抗的呢?

在与他的交谈中,一开始他说自己从不做梦,后来又忽然想起一个常做的梦来。他梦见有人朝着墙扔球,但球总是会弹开。这个梦看似有些无关紧要,会和他的生活方式有联系吗?

我问他接着又发生了什么事情,他说:“球一弹开,我就醒了。”至此,他揭示了失眠这件事情的全部架构。这个梦就好像一个闹钟,被用来唤醒。他想象着每个人都在把他向前推,逼迫他做不愿做的事。他梦见有人朝墙扔球,然后总会醒来,导致失眠,然后第二天疲惫到无法工作。他的父亲急迫地想要让他外出工作,而他通过这种间接的方式,“击败”了父亲。假如我们只是单纯地去看他如何对父亲进行了反抗,不得不说他发现了这样的工具,实在是聪明。当然,不论是对他自己还是对别人而言,他的生活方式都非常糟糕,是必须要去做出改变的。

当我对他的梦做出分析后,他再也没有做过这个梦了,但他对我说,晚上偶尔还是会醒来。当他意识到那个梦的“秘密”后,便不再做这个梦,但他依然需要让自己在第二天万分疲惫。我们该如何帮助他呢?唯一可行的办法就是,让他与父亲议和。如果他依旧把努力都集中在反抗父亲这件事上,那么一切问题都将无从解决。按照一贯的必要的方式,我开始附和着他的态度,承认他的“正当理由”。

“你父亲真是错得离谱，”我说，“他实在太不明智了，总是想在你身上施展权威，或许他才有病，需要治疗，可是你又能怎样呢？你又改变不了他。就好像下雨天，你能怎样？你无非只能撑一把伞，或者叫一辆出租车，如果总想着对抗或者制服，都是无法解决问题的。现在你就是把自己的时间浪费在了反抗之上，你以为这么做就可以体现出你的力量，占据上风吗，事实上你是受伤最严重那一个。”

我为他指出了所有问题潜在的一致性：对事业的不确定，对家庭的逃避，还有失眠。此外还指出了：在所有的事情里，他是如何通过惩罚自我，从而惩罚父亲的。同时，我给出了一条建议：“今天晚上上床的时候，你想象一下，你要让自己不断地醒来，这样明天才会疲倦。想象明天你疲倦得不行，无法去上班，于是你的父亲大发雷霆。”我希望他能够面对现实，意识到自己的主要兴趣是激怒并伤害父亲。如果我们没有办法阻止他的反抗，那任何治疗都是白费力气。我们早已看到，他就是个被溺爱的孩子，而现在需要他自己看到。

这个案例与人们所说的“俄狄浦斯情结”相似至极。这个年轻人一味地想要伤害父亲，同时又十分依赖母亲。然而，这与性毫无关系。母亲宠爱他，但父亲对他完全没有同情心，他没有享受到正常的教育，对自身处境做出了错误的注解。对于他的病症来说，没有一点遗传因素。他的毛病并非本能，不是从杀王篡位的野蛮人那儿得来的，而是从自我经验中总结出来的。在每个孩子身上，都有可能会被激发出类似的态度——只需要给他们一个宠溺孩子的母亲，一个专权霸道的父亲。如果孩子出现反抗父亲的行为，并无法独立解决自我问题时，我们便很容易知道他为什么会采用这样的生活方式了。

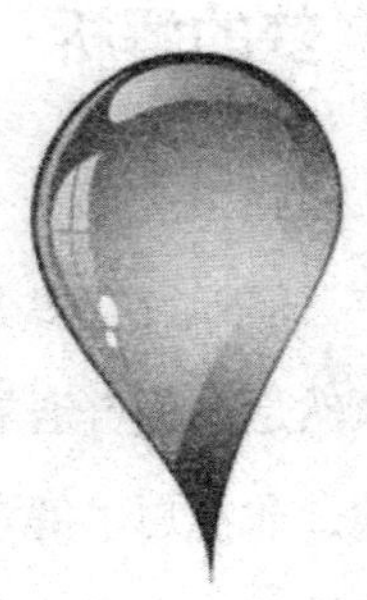

第五章　梦告诉我们什么

梦的解析

几乎所有人都会做梦，但却没有多少人能理解这一现象，这很奇妙。尽管如此，梦依然是一种普通的心灵活动。一直以来人们都对梦有着浓厚的兴趣，非常想了解它们背后的意义。很多人都会觉得自己做的梦隐藏着巨大意义，奇异且重要。对梦的探索兴致可以追溯到人类历史的早期。不过总的来说，人们还是不清楚自己为何会做梦，在做梦的时候，自己到底做了什么。根据我所了解到的，关于梦的解析的理论，有两种，这两种理论是包罗万象且具有科学性的，即弗洛伊德心理分析学和个体心理学。在这两种理论中，大概只有个体心理学可以说自己是采用了具有普遍性的研究方法。

尽管过去对梦的解释不太科学，但也值得我们关注。至少，我们了解到了过去的人们对梦有怎样的看法和态度。梦是人类心灵创造性活动的产物。当我们仔细研究过人们在过去对梦的作用所做的理解之后，几乎就可以找到他们的目标了。通过研究，我们很快就能发现，人们一直认为梦和未来拥有某种关系，往往会感到在梦里存在某个控制力强大的精灵、神灵或是祖辈，在操控他们的心灵。还有些人,身处困境时会利用梦来引导自己。

我们在古代解梦的书籍中可以看到一些阐释，说明梦当时是怎样去预见做梦之人的未来。原始社会时，人们会从梦里寻求各种征兆和预示。古希腊和古埃及的人们去神庙，祈求能做上一个神圣之梦，可以对未来的生活产生影响。他们认为这类梦可以疗伤治病，能削减身体或心理的病痛。美洲的印第安人会采用洗罪、斋戒和汗浴等方式想方设法来引导梦境，并依照对梦的自我理解来行动。在《旧约》里，对梦的解释是，可以召见未来之事。即便是在当今，依然有人坚称自己曾经做的梦在后来成为了现实。他们确信在梦中自己拥有远见，确信梦能够预见未来。

从科学的角度出发，这样的观点都是天方夜谭。在我想要解决有关梦的问题之初，我就很明确，和那些头脑清醒、视听读写和理解能力更强的人比起来，做梦者并不能预测到未来。梦怎么会比我们的日常思维更理智，更具有预见性呢？相反的，它更为紊乱，更加难以理解。然而传统观点既然存在，就必有合理之处，或许其中也会有真知灼见。假如我们把传统观点放到相应的环境中去研究，大概可以找出我们想要的信息。

我们已经发现，人们认为梦可以为自身面临的问题提供某种解决办法，由此我们推断，人做梦的目的，是期望寻求到对将来生活的某种指导以及为自身问题寻求答案。然而，从梦中获得的答案显然是次要的，主要的依然是人们在对整个局势做出清醒分析后获得的答案。其实，人们希望在做梦的时候可以解决自身问题，这样的说法也并不为过。

弗洛伊德学派

弗洛伊德心理分析学的理论认为，梦具有某种能够得到科学解释的意义。不过在好几个方面，弗洛伊德学派的解析都逾越了科学的范畴。比如，它假设心灵在日间活动与夜间活动时存在差异。“有意识”和“无意识”相互对立，梦被附加上和人们日常思维完全相反的特殊准则。而在我们看来，类似这样的“对立”设定，显示出的并不是科学的观点。在原始人类和古代哲学家的思考中，我们时常可以发现此类想法：把概念强制对立，把事物看作对立之物。这样的对立思维或二元思维，在神经症病患中能得到清晰的验证。人们通常会认为，对和错、男和女、冷和热、轻和重、强和弱等等都是彼此对立的，可是从科学的角度来说，它们并非完全对立，而只是变体，是根据某种假定的理想的相近程度，而排列在同一个刻度上的不同点。好与坏、正常与异常，也都如此。于是我们说，在一切理论中，如果认为睡着和醒来，梦里和梦外的心灵活动是对立的，那么从本质上就已经不科学了。

早期的弗洛伊德学派还存在另外一个问题，就是把“性”看做梦的背景环境。这同样是把梦和人们的日常活动进行了分割。如果真是这样，那梦的意义就不会是全部个性的表现，而只是部分而已。大概弗洛伊德学派自身也感到，只是用“性”来对梦做解析的话不是很“完美”，便提出，在梦中还可能预见到某种想死的潜在欲望。在某种意义上来说，这种观点没有错。我们已经关注到，梦是在寻求某种解决问题的办法，同时能够暴露出做梦人缺乏勇气。不过，弗洛伊德学派采用的术语实在隐喻过深，完全无益于探究梦是怎样反映人的全部个性的。梦里和梦外的生活也因此再一次被割裂。从弗洛伊德学派的理论中我们能够看到很多有意思的，而且很珍贵的信息。譬如，梦本身并不重要，重要的是梦背后隐藏的思想——这个信息极其有用。在个体心理学里，我们得出了相似的结论。

弗洛伊德心理分析学所缺少的，是心理学首要的基础条件——认识到个性的一贯性以及个体的一切思想与言行的统一性。从弗洛伊德学派在对梦做出解析时的几个关键环节中，我们看到了这种缺失。“梦的目的是什么？人为何会做梦？”心理学家认为：“是为了满足人尚未实现的愿景。”不过这个说法无法解释其全部。比方说，我们想不起来、或者忘记了梦，又或者无法理解梦，那么所谓的满足便无从说起了。人人都会做梦，但没有谁能深入了解自己的梦。从做梦的这个行为中，人们能够获得什么满足感呢？如果说梦里和梦外的生活是断裂的，满足感来自梦里，我们或许还可以让做梦者去了解一下梦的目的，但这样一来，我们就违背了研究的起点——个性的一贯性原则。换句话说，对于醒来的人，梦不具有任何目的。

站在科学的角度，做梦者和清醒者是同一个人，因此梦的目的也就理应具有一贯性。我们可以看到，某些人在梦中为实现愿望做出的努力，是可以和他的全部个性关联起来的。譬如说被溺爱的孩子，他们总是在问:“我要怎样才能得到我想要的东西？生活能带给我什么？”正如与他们有关的其他一切行为，他们可能会在梦里寻求满足感。如果进一步深入研究，弗洛伊德学派的理论其实就是“被溺爱孩子”的心理学，这种人本能地认为自己绝不可以遭到拒绝，认定他人的存在是对自己的威胁，他们会问:“为什么要关爱邻里？邻里关爱我吗？”

心理学对“被溺爱的孩子”这一前提做出了详尽的描述，然而，在无数的追求优越感的表现中，获取满足感只是其中之一，我们并不认为它是全部个性表现的主要动机。况且，若是我们真的可以探索出梦的目的，那将有利于进一步探索，“忘记梦”和“无法理解梦”背后的意义。

个体心理学对梦的研究

当我在二十五年前开始探索梦的意义时，采用什么样的研究方法成为摆在我眼前最棘手的问题。我发现，梦里和梦外的生活并非对立，梦里的生活必须和日常生活中其他行动和表现保持一致。就好比我们在白天专注于获取优越感，那么在梦里反映的必然是同一问题。和在白天一样，所有人在梦里也会有潜藏的目标，以便在梦中也可以争取优越感。所以我说，梦一定是生活方式的产物，并与其保持一致。

梦对生活方式的影响

梦的真实意图是什么？我们做梦，但通常在一早醒来就已经将梦忘掉，几乎找不出一丝痕迹。真的是这样吗？真的找不出一丝痕迹？其实不然，是有痕迹被留下的，那就是感觉，在梦中所激发的感觉。图像已不再有，内容也不复存在，只有那种感觉依旧挥之不去。梦的意图，就存在于这种被激发出来的感觉中。也就是说，梦只是激发感觉的途径和工具，它的目的是为人们留下感觉。

人所产生的感觉一定和生活方式相一致。梦中的想法和清醒时的想法并没有绝对性的差别，不存在严格的区分。所谓的差别是指，在梦里与现实的接触比起清醒时要少，但无法完全脱离现实。当我们在白天对某个问题念念不忘时，那么在梦里对其也会有所挂念，即便是在熟睡，也会有所反应。这便证明了，我们在梦中依然与现实有所联系。街上再吵闹喧哗，大人也可以安心入睡，可孩子们却不是，一有些许动静就会让他们立刻醒来。这说明在梦里，感官知觉客观存在，但会逐渐减弱，与现实的联系也会逐渐减少。做梦的时候，我们孤身一人，来自社会的要求和压力并不那么急迫，我们也不用那么诚恳地对处境做出应对。

只有当我们找到了解决问题的办法，不再紧张，睡眠才能摆脱干扰。梦，就是对平静睡眠的一种干扰。我们能够推断出，只有在我们对问题束手无策，现实处境通过睡眠延续某种压迫，并要求我们去寻求所面对的问题的答案时，我们才会做梦。

于此，我们来探究一下，在睡眠时心灵如何面对这些问题。我们在梦中所面对的只是部分环境，某些问题看起来相对简单，所提供的解决方式需要做出的调整也很小。梦的意图，是要支持并强化生活方式，同时激发出最能与之相适应的感觉。为什么生活方式需要支持？它会受到何种事物的威胁？从现实和常理出发来看，生活方式可以说是极为脆弱的。而梦就是在帮助生活方式抵抗来自常理的各种挑战。这便生出一个有趣的探索。当某人遇到某个问题，不打算依据常理来处理时，这种心态便可以通过其做梦所激发的感觉加以验证而得以坚定。

乍看起来，这好像和我们清醒时的生活相对立，其实并没有。我们可以通过和清醒时完全相同的路径来激发起各种感觉。当一个人陷入困境，却不想用常理来处理，打算继续自身落后的生活方式，他一定会想方设法为自身的生活方式辩解，让它看起来令人满意。比如，有些人的个人目标可能是轻松赚大钱，不用劳动和努力，也不为他人谋福利。他知道赌博会输钱，会引发严重后果，但他又想一夜暴富，过上舒坦的日子。他会怎么做呢？他为自己画了一个大饼：投机取巧地赚钱，买房买车，过上奢侈生活，所有人都知道自己是富翁。这些幻想激发了他想去实践的感受，最后，他选择放弃常理，投身赌博。

类似的情形时有发生。工作之时，若是有人提起一部他看过且喜爱的戏剧，我们便会感到仿若放下了手头事务，一头扎进了戏剧里。在恋爱之时，有人会幻想未来，若他正处于神魂颠倒之中，就会把未来幻想得异常美好；若他处于悲观情绪之中，就会把未来幻想得糊里糊涂。

梦只会留下感觉，那么常理又如何呢？可以说，梦和常理是一对死敌。我们可以看到：部分不愿意受感觉蒙蔽、喜欢用科学方式行事之人是不常做梦的，甚至压根不做梦。还有一部分人，不愿意用正常的方法有效地解决问题，不愿意采用符合常理的处理方式。常理，是合作的一个方面，会受到没有很好学会合作之人的厌恶。这部分人常常做梦，他们总想把自己的生活方式强加于人，以此逃避现实的挑战。所以，梦试图在生活方式和现实问题之间建立起联系，以避免个体因为梦而对生活方式做出调整。生活方式是梦的原创者，也是制片和导演。它往往会激发起人所想要的感觉。我们在梦中发现的信息，在个体的其他特征和行为中也可以看到。不管有没有做梦，人们都是在用同样的方式处理问题，梦只是为生活方式提供了支持，给出了理由。

我们对梦的了解又迈出了关键的新步伐：我们在梦中愚弄自己。每一场梦都是一次自我催眠与陶醉，其目的在于制造出某种心境，使个体为面临的某种局面做出充分准备。我们可以看到，个体于梦中所表现的个性和日常生活中的完全相同，也能够看到，在心灵的引导下，个性在梦中为白天所需要运用到的各种情绪感觉做着准备。若果真如此，那么我们通过梦的构造和它所采用的意境，便能发现做梦一定程度上说是“自我欺骗”。

我们都探索到了什么呢？首先是各种图像和事件都带有某种选择性。这种选择我们曾有所提及。人的回忆，就是把图像和事件进行编选。这种选择是有目的的，人只会从记忆中筛选出一部分可以支持自身优越目标的事情。个人目标控制着个人记忆。与此相同，人在构建梦的时候，选择的事件会强化生活方式，并在人遇到某些问题时揭示生活方式与这些问题的关系。对于事件的选择，反映出了与人们现实生活问题相关的生活方式的意义。在现实中，克服困难需要依赖常理，但生活方式似乎不甘屈服。

符号与隐喻

梦由什么构成？古人已有所洞察，近代又有弗洛伊德的探索：梦主要由符号和隐喻构成。某位心理学家曾说："我们在梦中都是诗人。"为什么梦会用符号和隐喻来进行表达？显然，若是直截了当，不采用符号和隐喻的话，人们就没有办法避开常理了。符号和隐喻则可以随心所欲，能够融合不同意义，可以同时表现两件事，甚至其中一件还有可能是假的，所获取的结论也是不合逻辑的。它们还可以激发起感觉，并经常被人们运用于生活之中。就好像我们打算纠正某人的错误时会说："不要这么孩子气"。人们使用隐喻，让不相干的、诉诸于情感的事都融合进来了。当一个大个儿对一个小个儿感到气愤时，他会说："他不过是条毛毛虫，只配被人踩。"这个隐喻表明，他在为自己的气愤寻找正当的理由。

隐喻是一种奇妙的表达方式，甚至能够骗过自己。当荷马在描述希腊军队驰骋沙场勇猛作战时，他给我们展现出雄狮般的形象。他希望人们把士兵们看作雄狮，因此绝不会精准地描写一群可怜的脏兮兮的士兵是如何在地上爬行的。我们自然是明白士兵们不可能是真的雄狮，但之所以拥有如此深刻的印象，都是因为荷马写出了士兵们如何流汗流血，如何英勇奋战，如何躲避危险，他们的盔甲如何破旧等等细节。隐喻是美好的，充满想象力。当然，我们须要强调的是，若一个人的生活方式是错的，那么他所运用的符号和隐喻就会非常危险。

显然，当一个学生面对考试时，理应大胆地运用常理来解答。可如果他的生活方式是想要逃避，那他很可能会梦到自己在打仗。个体用隐喻的方式，将所面临的问题展现出来，于是让自身相信有充足的借口可以害怕。他也可能会梦见自己身处悬崖边，只能后退否则就会掉下去。此时，个体激发出的这种感觉便成为了躲避的借口以及逃避现实的形式。个体把考试比喻为悬崖，欺骗自己。同样的，在梦中常被采用的一个伎俩，就是大事化小小事化无，仅留下问题的核心，其他部分则被某种隐喻所代替，被看作和原始问题一样得到解决。

某个充满勇气、颇有远见的学生，期望能顺利完成功课并通过考试。当然，他也需要支持，需要安慰，他的生活方式做出这样的要求。考试前一晚，他梦见自己站在一座高高的山顶上。这个对其自身处境做出隐喻的画面非常简单明了，当下的全部处境只被表达出最核心的部分。考试对他来说意义重大。不过通过对考试其他众多方面的排除，只集中于获得胜利这个部分，他激发起某些感受以帮助自己。第二天清晨起床后，他感到心情更加愉悦，精力更加充沛，勇气也更加充足了。他顺利地将必然会面对的困境化小，得以自我安慰，但不能不说，其实他也是在愚弄自己。他并没有完全运用常理来解决问题，只是激发起自己自信的状态罢了。

这种故意激发起某种感觉的事情其实很普遍。有人想要越过一条溪流，在跳跃前他会从一数到三。数这三个数就那么重要吗？跳过溪流和数数有什么必然联系吗？当然没有。他从一数到三只是在激发自身感觉，集中能量。人们具备一切必要的心理资源，以用来构建和强化某种生活方式，其中最为重要的一种资源便是激发感觉的能力。人们夜以继日地进行着这项工作，而在梦里，它显得格外清晰。

我可以用亲身经历来告诉大家，我们是如何愚弄自己的。在战争年代，我曾是一家治疗弹震症的医院院长。为了帮助那些再也面对不了战争的士兵们，我想尽办法让他们做一些轻松惬意的事情。这样做可以大大缓解他们的紧张情绪，效果通常都很好。某天，一位士兵来找我，而他是我当时所接触的士兵中最健壮的一个，但是他显得很沮丧。在给他做检查时我就一直在想应该怎么帮助他。当然，我也可以让这些患病的士兵们回家去休养，但每一份诊断书都需要得到上级批准，所以我的慈悲也需要有所克制。这个士兵的情况并不乐观，最终我还是告诉他："你患有弹震症，所幸你的身体很强健，我会让你做些轻松的事情，这样你就不用再去作战了。"听到自己无法回家去，他很难过，说："我是穷学生，靠教书挣钱养活老父老母，如果不教书的话，父母亲就会挨饿，如果我不赡养他们，他们只有等死了。"

我深受感染，自然也希望能让他回家，找上一份办公室里的工作，但我担心这样写诊断书的话，会惹怒上级而又把他推向了战场。最后，我还是决定写出实际情况——但我要证明以他的身体状况，只能去做哨兵。那天晚上我做了一个噩梦，梦见自己成了杀人犯。我在幽暗狭窄的街道上乱跑，拼命地回想自己到底杀了谁，但是怎么都记不起来，只是有种感觉："我杀了人，我完蛋了，我就要没命了，一切都结束了。"

一从梦中醒来，我想到的第一件事就是，我究竟杀了谁。随后我忽然想到，如果无法让那个士兵去办公室工作，或许他就会重返战场，然后牺牲。于是我便成了杀人犯。在梦里我激发起这样的感觉来"欺骗"自己，尽管我并没有谋杀谁，我所预见的即便真的发生，我也没有罪过，但我的生活方式命令我不可以冒这个险。我是一名医生，应该拯救生命而不是让生命陷入危机。我甚至要帮助那个士兵，唯一可行的就是遵循常理，而不是听命于个人的生活方式。于是，我给他开出了适合做哨兵的证明。

事实证明，遵循常理是再正确不过的决策。上级在诊断书上画了一条横线，我以为他要把那个士兵再次派到前线去，怎么办，我本应该给他争取一份办公室工作。然而上级做出批示：让士兵做半年机关工作。后来我才知道，原来上级已经收受了贿赂，于是对这位士兵网开一面。这个年轻人压根就没有教过书，他所说的每个字都是假的。他编造出这个故事只是为了让我帮助他觅得一份轻松的工作，好让这位已经被买通的上级"顺理成章”地根据我的诊断书做出批示。从那以后我就想，最好还是别再做梦了。

梦里总隐藏着对个体的欺骗和愚弄，难以捉摸。只有当我们对梦有所了解，才能令它们无力激发起感受，也就无法欺骗自我了。这时，我们便能选择符合常理的行为方式，拒绝听从梦的指示。也就是说，了解了梦，也就识破了梦的意图。

梦是现实问题和生活方式产生联系的桥梁，但生活方式不应该被任意强化。生活方式必须和现实有直接的接触。人类的梦各式各样，但每一场梦都是在揭示，个体根据自身处境而选择的生活方式有某些方面岌岌可危时就需要被强化。因此我们说，梦的解析总是独属于个人，这些符号和隐喻完全无法用公式来剖析和评判。梦是生活方式的产物，来源于个体对自身处境的剖析。接下来，我会对梦的一些典型类型做出简述，不是为了给梦的解析提供指导的模板，而是希望能帮助大家了解梦及其意义。

分析梦境

很多人都梦见过，自己会飞。如同其他的梦，这个梦的关键在于它所激发出来的感觉——快乐轻松、充满勇气。它使人的情绪由低迷变得高涨，把克服困难，追求卓越描绘得轻松简单，令人自视勇敢，高瞻远瞩，壮志凌云。这意味着，即便是在熟睡，人们也没有放弃自己的雄心壮志。这样的梦隐含的问题是："我是应该继续前进，还是就此打住？"而梦给出的建设是，"我的前路畅通无阻"。

大多数人都做过从高处掉下来的梦，这说明人类的心灵更倾向于自我保护以及对失败的恐惧，而非设法克服困难。这一点很值得我们关注，也不难理解。我们常常告诫孩子们要小心谨慎，"不要爬到椅子上""不要摸剪刀""不要玩火"，而孩子们早被吓坏了，因为他们总是被各种虚构的危险包围。可是，这只会让一个人变成胆小鬼，绝对不是帮助他正确应对真正危险的好办法。

如果有人时常梦到自己瘫痪，或者错过火车，通常是表示："如果不去做某些事，问题便会过去，那我会非常开心"，"走一条弯路，晚一点到，就能避免遇见某个问题，是的，我一定要让火车提前开走"。

考试也是很多人都梦到过的事情。当发现自己一把年纪还要参加考试，或者还要重新通过一门自己早就通过了的考试时，人们会感到很吃惊。对于一部分人而言，这个梦的寓意是："对当前遭遇的问题，还没有准备好去面对。"对于剩下的部分人，其寓意是："以前通过了这样的考验，现在也可以通过当前面临的考验。"每个人梦的符号都各不相同，对于梦，我们主要考虑的，应该是它留下的感觉以及它与生活方式的互动方式。

我曾接待过一位三十二岁的神经症患者，她在家排行老二，和其他老二一样，她怀着雄心壮志——凡事都要争个第一，任何问题都必须完美解决。来到我这里时，她已经几近崩溃。她爱上了一个比她大的有妇之夫，尽管男人生意失败。她想和这个男人结婚，但男人却没办法离婚。女人做了一个梦，梦见一个男子租住了自己的公寓，并在搬进来不久之后就结了婚。但男子没有钱交房租，人不诚实，工作也不努力，她不得不把男子赶走。我们很容易发现，这个梦和女人的现实生活有着某种联系。她是在考量，是否要嫁给一个事业失败的男人。她所爱之人没什么钱，很可能养不起她，在某次他们在餐馆吃完晚餐，男人无钱付账后，这种反差被强化。这个梦的意图便是激发起女人对婚姻的反感。她是个富有野心的女人，不应该和贫穷的男人有所关联。她通过一个隐喻做出自我分析："如果租客付不起房租，我应该对租客怎么办？"答案是："赶走他。"

可是，那个有妇之夫可不是房客，我们不能将二者划上等号。一个无法养活家庭的男人，显然不同于一个交不起房租的租客。为了解决问题，并能放心地遵循自我的生活方式，她激发起这样的感觉："不能嫁给他。"她没有运用符合常理的处理方式，而是选择从一个微小的部分着手解决。与此同时，她将整个婚姻爱情的问题缩小了，并在隐喻中做出表达："一个男子租了我的房，如果交不起房租，就必须搬走。"

个体心理学的治疗方式，一直致力于增加病人面对各种生活问题的勇气。我们在治疗过程中很明显地看到，梦会发生变化，显现出某种更加自信的状态。一个抑郁症患者在即将出院前做了一个梦：“我独自坐在一个椅子上，忽然一场暴风雪袭来，我幸运地躲开了，因为我快速地跑进了房间，和丈夫待在一起。后来，我帮他在一份报纸的广告栏里寻找合适的工作。”可能病人自己没有办法理解这个梦，但我们能清晰地看到，梦表达了她和丈夫破镜重圆的感觉。一开始，她恨自己的丈夫，尖酸刻薄地指责他的弱点，对他无法找到一份好工作抱怨连连，觉得他没有上进心。这个梦的寓意在于：“与其独自面对危险，比如和丈夫一起面对。”虽然我们对这个结论表示赞同，但她寻求与丈夫重归于好，修复婚姻的方式，似乎隐藏着某种令人焦虑的危机。女人过分强调了独处的危险性，还没有做好准备去迎接既要勇敢独立，又要与丈夫合作的生活。

一个十岁的男孩被带来问诊。他在学校里偷东西，又把偷来的东西放到别人的书桌里，以此陷害他们。老师指责和埋怨他，说他这么做很恶毒。事实上，只有当一个孩子认为有羞辱别人的必要性，想要去证明别人的恶毒时，才会这么做。这个孩子便采用了这样的方式，我们料想他是从家里学来的这招，他一定想要陷害家里的某个人。这个男孩还在大街上朝孕妇扔石头，惹了大麻烦。他很可能已经明白怀孕意味着什么，并对“怀孕”抱有敌意。我们想要知道，是不是有弟弟或者妹妹的降临让他很不开心。老师评价他为“周围一带的害虫”，他讨厌和辱骂其他孩子，到处散播谣言，并且还会追打小女孩，这说明在他的家中可能有个妹妹在与他竞争。

后来我们知道他家里有两个孩子，他还有个四岁的妹妹。他的母亲声称他对妹妹一直都很好，很爱她。我们当然不会轻易就相信，因为有如此表现的男孩不可能爱妹妹。再进一步，我们找到了质疑的依据。他的父母关系很融洽，这样一来，这个孩子却很不幸，他的一切错误，父母都没有责任，而是源自其“恶”的本性，命运的安排，又或者某位先祖。

在进行个案研究时，我们时常看到这种理想婚姻下的不幸：父母极其优异，但孩子却异常可怕。心理学家、教师、律师以及法官都曾见证过。实际上，看似很“理想”的婚姻，有可能会使孩子产生这样的错误：母亲对父亲的爱令他会气恼，他希望母亲的眼中只有自己，很痛恨她把爱分享给他人。那么问题来了，如果说理想的婚姻对孩子不一定理想，不幸的婚姻对孩子伤害更大，那我们到底该怎么办呢？我们必须培养孩子们从小就开始与人合作，避免他对某一位家人产生极端的依赖。这个男孩就是被溺爱了，想要独占母亲的关注，只要一感觉到自己的被关注度下降，就会故意制造麻烦。

他的母亲从来没有对这个孩子施以惩罚，而总是让孩子父亲来做。于是我们的判断又进了一步。可能母亲认为自己心太软，或者认为只有男人才有权威和力量去做出惩罚，又或许她不想让孩子对自己的依赖受到冲击，害怕失去孩子的感情。无论如何，她这么做引导了孩子对父亲的兴趣索然，并不与其合作。如此，两人之间必然会产生矛盾。我们还听闻，尽管孩子父亲热爱着妻子和家庭，但由于这个男孩的各种问题，下班后他竟然不想回家。男孩受到的惩罚很严厉，经常被父亲痛打，他的心灵不可能不脆弱，但他用巧妙的方式把这种感觉隐藏得很深。

男孩很爱他的妹妹，却总是不和她好好玩耍，经常扇她巴掌，甚至踢她。他睡在饭厅的睡椅上，而妹妹睡在父母卧室的小床上。如果我们能感同身受，以男孩的心理去看去想去感受，或许也会对此感到窝火。他希望成为母亲眼中的焦点，但在夜晚，妹妹却和母亲那么亲近，于是他想方设法让母亲和自己更加亲近些。男孩身体很健康，出生也很顺利，还吃了七个月的母乳。在他第一次用奶瓶的时候他吐了，直到三岁才止住，这可能曾导致他胃功能不是很好。但是他现在饮食正常，营养充足，却依然觉得自己胃不好，认为这是他自身的一个弱点。所以他很挑食，而当他表示不喜欢眼前的食物时，母亲就会给他钱让他去买自己想吃的，但他却常常对邻居埋怨说自己在父母那里吃不饱。他已经很擅长使用这样的花招——诋毁他人，重获优越感。这也是为什么他会用石子扔孕妇。

他来问诊时说了一个梦：“我是一个西部牛仔，父母把我送去了墨西哥，而我想要一路杀回美国。一个墨西哥人阻拦我，我朝他肚子上踢了一脚。”这个梦所激发而出的感觉是：“我四面受敌，必须挣扎和奋战。”在美国，牛仔常被看作英雄般的人物，而男孩认为追打小女孩，踢人肚子是英雄作为。我们发现，肚子在他的生活里十分重要，是他自视的弱点。他认为自己胃不好，他父亲又经常犯神经性胃病，在他的家庭里，胃已经上升为最重要的话题。于是，打击别人最弱之处，成了男孩的目标。

男孩的梦及其行为表现完全与生活方式相一致。他生活在梦里，如果不让他早点清醒过来，他就会永远这样生活下去，不仅反抗父亲、踢打妹妹，追打小朋友，尤其是女孩，还会对帮助他克服反抗行为的医生表示抗议。梦的感受刺激他想要继续当“英雄”，征服他人。只有当他明白自己是如何自欺欺人的，外界的治疗才会生效。我为他解析了这个梦。他觉得自己生活的国度满是敌意，所有想阻碍他、惩罚他的都是敌人。

当他第二次来问诊时，我问他：“上次见面后又发生什么事？”他回答：“我做了坏事。”“什么事？”“我追赶了一个小女孩。”这显然不只是坦白，更是在炫耀和进攻。诊所里的每一个人都希望他好起来，但他却在强调自己是个坏孩子，就像是在说：“不要指望我能有什么改变，小心我也踹你的肚子。”如何是好。他还沉浸在梦里，还在扮演“英雄”。我们必须要消除这个角色带给他的满足感。

“难道你真的相信，身为英雄会去追赶一个小女孩吗？这样的英雄行为太没技术含量了吧！如果你真的是英雄，就压根不该去追赶小女孩，而是去追赶那些强壮的大个子女生。”我这么对他说，让他认清休想再继续自我的生活方式，这是治疗的一个方面。正如那句法国谚语，我们必须“在他美味的汤里吐口痰”。如此一来，他就不会再喜欢这碗汤了。治疗的另一个方面是鼓励他与人合作，用某种有益于社会的方式来证明自己的重要性。他并不会采取反社会的行动，除非他害怕在社会中遭遇失败。

一位二十四岁的单身女孩，从事文秘类的工作，说自己无法容忍老板的居高临下，也不知道怎么交友以及维持友谊。根据经验，若一个人留不住身边的朋友，那一定是他企图控制对方，这种人的心里只有自己，目的是表现自我优越感。或许这个女孩与她的老板恰恰同属一类，两个人都想控制他人，碰到一起自然会产生问题。女孩家里有七个孩子，她最小，很受宠。她给自己起了个外号叫“汤姆”，因为她希望自己是个男孩。这一点也验证了我们的想法，她的优越感目标是——控制他人。她渴望自己更男性化，成为权威，控制他人，却无须控制自己。

女孩美貌动人，可她总觉得别人喜欢自己，只是因为自己长得漂亮，从而很怕脸上受伤或变形。在社会上，漂亮女生能更轻易地给人留下深刻印象，更轻易地控制他人，这些方面她都很清楚。然而，她却希望自己是男性，以男性的方式来控制他人，她对自己的美貌并不太在意。

在她的早期记忆里，她被一个男子吓到过，以至于到现在依旧恐惧遭遇抢劫。似乎有点说不通了，一位渴望成为男性的女孩，居然会恐惧抢劫者，但其实并不奇怪。女孩的软弱感决定了个人目标，令她只愿意生活在能够自我控制的环境中，避开其他一切环境。强盗也好，打劫者也罢，都是她无法控制的，于是她进一步希望，能把这些人全都消灭掉。她很想变得更男性化，这样一来，就算是失败了，她也有借口掩饰自身处境。她的想法和行为表达了对女性角色的极度不满，即所谓的“男性化抗议”，通常都伴随着某种紧张感——我在和身为女性的自己所面对的种种不利抗争。

那么，在她的梦里是不是也会有相同的感觉呢？她时常梦见自己被独自留下，是个被溺爱的孩子。她的梦是在说：“我需要被照顾，留下我一个人很危险，有人会攻击我，操控我。”她还有一个经常做一个丢失钱包的梦，这是在说：“小心，你有可能会失去什么东西。”她不愿失去任何东西，尤其是控制他人的权力。她选择了生活中常见的事——丢失钱包——来替代整个生活。这再一次证明了，梦通过激发感觉来强化个人生活方式，她并没有丢失钱包，但梦见了，这种感觉就被留了下来。

这个女孩还做过一个比较长的梦，可以更清晰地反映出她的心态：“我来到一个游泳池，人很多，有人看到我站在了别人的头上。”她说，“当看到有人站在自己头上之后，他们都大喊大叫起来，而我随时都有掉下去的危险。”假如我是一位雕刻家，我会雕刻出这样的场景：她站在别人头上，把别人当作底座。她的生活方式就是如此，她想要的感觉就是如此，但是她又认为自身处境很危险，并认为别人都应该看出她很危险，都应该小心翼翼地支持照顾她，以便让她继续站在那里，因为游泳很危险，这便是她生活的全部故事。“要做男人，不做女人”，成为她的心理目标。和其他最小的孩子一样，她野心勃勃，无法对现实处境做出合理反应，而是期望自己“显得”比他人优越。她随时随地都在恐惧失败，想要帮助她的话，就必须找出一个办法让她安心于女性身份，消除紧张害怕以及对男性的高估，让她在人群中感受到平等与友谊。

一个女孩在她十三岁的时候经历了弟弟的意外遇难。在她的早期记忆里：“弟弟学走路时，有一次想抓着一把椅子站起来，可椅子却压到他身上。”她对事件的危险性印象深刻。她做得最多的一个梦是：“街上出现一个我从没见过的洞，我总是走在那条街上，走着走着就掉进了洞里。洞里全是水，当我一接触到水就会立刻惊醒过来，心跳得很厉害。”她感到奇怪，而我们却不会。她一直用这个梦来吓唬自己，所以一定会感觉它很神秘。这个梦寓意着：“小心，周围有很多你未知的危险。”当然，这个梦提供给我们的信息不止这些，“如果你已经在最下面了，肯定就掉不下来了”。女孩觉得有“掉下去”的危险，这意味着她把自己想象得比别人要高，于是她想：“我在他人之上，要小心保护自己以免掉下去。”

还有一个事例可以让我们看到，相同的生活方式在早期记忆和梦里所起的作用。一个女孩告诉我说：“我曾经很喜欢看别人修建房屋。”这说明她具有合作精神。一个小女孩无法参与修建房屋，但是她有兴趣，代表她愿意与人分担工作。“我当时还很小，站在一扇高高的窗户旁，那些玻璃格子到现在还记忆犹新。”她观察到窗户很高，于是对高矮做出了对比，意思是：“窗户很大，我很小。”女孩身材娇小，正因如此，她才会喜欢比较大小。然而，在我看来，她声称自己记得很清楚，只不过是在吹嘘罢了。让我们来看看她的梦：“有几个人和我同乘一辆车。”如我们所料，她乐于合作，喜欢和他人相处。“车一直开，直到一片树林前才停下。大家都下车跑进树林里，大多数人都比我个头大。”她再次对大小做出比较。“但我们还是尽力及时赶上了电梯，下到一个大概有十英尺深的矿洞里。我们都认为，如果走不出去的话，一定会被毒气毒死。”她描述出一个危险的处境。大多数人都会对某些危险感到害怕，人类其实并不足够勇敢。她继续说道：“我们全都安全地走出来了。”看出来她很乐观，乐于合作之人，通常是勇敢且乐观的。“我们待了一分钟左右，重新集合起来，飞快地跑上了汽车。”我坚信这个女孩始终乐于合作，只不过她认为自己应该再高大一些。当然我们也能看出她有一些是站不稳脚跟的紧张表现，但是她对他人有兴趣，喜欢与人合作收获成功，这些都会消除她的紧张感。

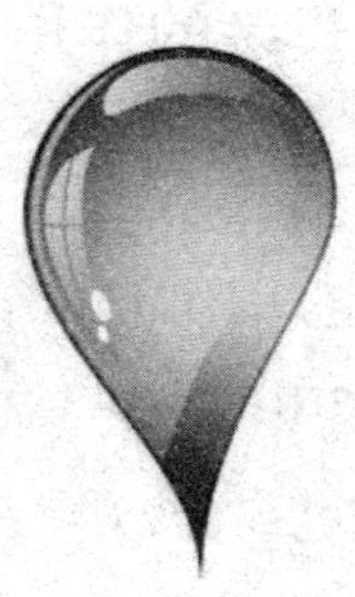

第六章　家庭的影响

母亲的作用

孩子从出生之时起便力求和母亲结为一体，这是他们所有行动的目的。在一段时期中，母亲是孩子生命中最为重要的人，几乎被孩子全身心地依赖着。孩子与人合作的能力便是在这样的情形下开始发展的。母亲让孩子首次与人接触，首次对自己以外的人产生兴趣，是孩子踏入社会生活的第一个桥梁。一个孩子如果无法和母亲发生任何关联，或是和另一个取代母亲位置的人产生联系，就意味着“毁灭”。

母亲和孩子的联系异常亲密，且影响深远。这代表着在此后的生活中，我们再也不可能找到和“遗传影响”相同的特征了。遗传所产生的各种特征会被母亲做出调整、训练、引导和改变。母亲有没有这样的技巧，影响着孩子全部的潜质。所谓母亲的技巧，指的是她与孩子合作以及使孩子与她合作的能力，这种能力没有办法形成某种规则来传递。每天都会出现各种新状况，有无数的地方需要母亲运用自身对孩子的了解和领悟去处理。

只有当她关爱自己的孩子，全身心地争取孩子的情感，并保护孩子利益时，才能够获得这些技巧。

母亲的各种行为可以反映出她的态度。每当她抱起孩子、背着孩子，和孩子说话，给孩子洗澡喂饭时，便与孩子发生了联系。如果母亲对这些事情不太熟练，或者对孩子兴趣淡泊，就会表现得笨拙，引起孩子的抗议。比如母亲不知道怎么给孩子洗澡，那孩子就会感到洗澡不是件快乐的事。此时，他不愿意和母亲发生联系，反而尽力躲避。母亲把孩子放到床上的方式，举手投足以及任何响动，都需要技巧。她还必须擅长于照顾，让孩子独处，考虑到孩子所需的各种环境因素——空气质量、室内温度、睡眠时间、生理习惯、营养和卫生等等。不论什么情况，都是母亲给了孩子喜欢自己或讨厌自己、愿意合作或拒绝合作的机会，母亲掌握的各种技巧并没有特殊的秘诀，都是兴趣和训练的结果。为成为母亲做准备，在生命最初的时期就开始了。我们可以从一个小女孩对更小的孩子的态度、对婴儿的兴趣以及后来对工作的兴趣这些片段中看到这种准备。对男孩和女孩采用相同的教育方式并不可取，就好像认为他们未来可以从事完全相同的工作一样不现实。要成为一位有技巧的母亲，女孩必须接受如何做母亲的教育，所采用的教育方式必须让她们喜欢上成为母亲这样一种前景，并认为那是一件充满创造力的事业。当她以后真正成为母亲时，就不会感到迷茫和失望。

然而很不幸的是，西方文化并不太尊重母亲的地位。当人们重男轻女，当男性的社会地位明显优越时，女孩们就不会期待自己未来的工作。没有谁会对从属地位感到满足。这样的女孩结婚后，便会在生养孩子的问题上采用某种方式以示抗议。她们不想或者尚未准备好要孩子，她们对孩子的降生毫无期待，更不会认为这是件创造性的有趣活动。

这可能是我们的社会存在的最大问题，但少有人会去努力解决。无论在哪里，几乎都低估了女性在生活中所起的作用，女性被认为是次要的。我们常常看到，男性把家务看作为奴仆做的事，动动手帮帮忙都像是在侮辱他们的尊严。我们的社会通常不会把持家和做家务看作女性的职业，而是视为女性理所应当的义务。

如果能让女性真心地把持家和做家务看成一种艺术，从中感受到生活的情趣，点亮和丰富他人的生命，她们便能让这个职业和世上其他职业一样出彩。相反，如果人们总是秉承男尊女卑的观念，那么女性就会抗拒工作，反抗男性，并努力证明男女平等,自己有权谋得发展自我全部潜质的机遇。这并不奇怪，不过前提是，必须要通过社会感才可能得到全面的发展。若是女性在发展过程中没有受到外来的制约，社会感将会引领她们走向正确的方向。

女性所起的作用一旦被低估，婚姻生活的平衡将会彻底被打破。当母亲认为照顾孩子是低贱的事，便不会正确地去发展技巧、关爱、理解和同情，而这些恰恰是对孩子最初的发展极为重要的因素。对于母亲角色感到不满的女性，生活中会出现某个目标以阻碍她与孩子的正常联系。她的目标与其他女性的不一样，她往往时常惦记着证明自身的优越性，从而认为孩子只会令她分心，很是讨厌。我们在追溯病人在生活中失败的原因时，常常发现母亲没有发挥好自身作用，没能给孩子营造一个好的开端。若是母亲遭遇失败，对自己的“任务”感到不满，兴趣缺失，那么人类便会陷入危机。

然而，这种失败无法归咎于母亲，罪过无从说起。或许母亲自己也没有接受到足够的与人合作的训练，也许她的婚姻生活并不美满，也许她对自身处境深感困惑和焦虑，甚至陷入无助和绝望。婚姻生活在其发展过程中总会遭遇各种困境。比如生病的母亲想与孩子互动，但归家后却疲惫不堪。比如家庭经济状况不佳，便无法给予孩子合适的衣食住行。同时，决定孩子行为的不是体验，而是他通过体验做出的结论。我们在调查问题儿童的生活背景时，常常发现问题孩子与母亲的关系有各种问题，而这些问题在普通孩子的生活中也时常发生，只不过普通孩子解决得更成功罢了。在这里我们回顾下个体心理学的基本观点：个性的发展没有固定成因，儿童会利用自身经验来实现个人目标，并构成个体生活方式。比如，我们不能认定，一个孩子若是营养不良就会成为罪犯，我们必须看清他从自身经验里总结出了什么。

显然，假如一位女性对身为母亲感到不满，那么她的孩子一定会遭遇困难和压力。当然母性的本能极其强大，有调查表明，母亲保护孩子的倾向远远强于其他倾向。在动物中也是如此，比如老鼠和类人猿，它们的母性本能已被证实远强于性驱力和饥饿驱动力。如果要女性对追随何种驱动力做出选择，那么母性本能总会胜出。

母亲行为的基础与性没有关联，而是源自合作的目的。母亲往往把孩子看作自身的一部分，通过孩子实现与生活的全部联系，并认为自己拥有决定生死的力量。在每一个母亲的身上，我们多多少少都能看到，她确实通过孩子做出了某种创造。我们几乎可以断定，她感到自己的创造和上帝造人一样——从虚无中缔造出生命。其实对于母性地位的追求是人类追逐优越地位、神圣目标的一方面，并清晰地证明了，这个目标与最深刻的社会感不谋而合，并服务于人类幸福和他人利益。

当然任何一位母亲都会夸大“孩子是自身一部分”的感受，强迫孩子服务于实现自己的优越感目标。她或许还会想办法让孩子完全依附于自己，控制孩子生活，让孩子对她永远依恋。有一个七十五岁的农妇，她儿子五十岁时，还和她生活在一起。后来两人同时患上肺炎，儿子送到医院后死亡，母亲活了下来。母亲在得知儿子死讯后说：“我就知道我无法平平安安地把他养大。”她觉得自己应该对孩子的一生负责，因而从未尽力引导孩子融入社会，成为社会的一员。我们深知，如果母亲没有去扩展她与孩子的联系，没有引导孩子在生活中与人平等合作，那便是犯下了极端严重的错误。

母亲身上带有的关联性并不单纯，与孩子的联系不应该被过分强调，于己于子都是如此。当我们过分关注某个问题时，就会忽略其他问题，而备受关注的问题也得不到有效解决。和母亲相关联的，除了孩子，还有丈夫和整个社会。三种关联都需要受到同等关注，都需要像常理一样冷静面对。如果母亲眼中只有与孩子的关联，不可避免的，她会骄纵和溺爱孩子，会导致孩子的独立精神和合作能力难以得到发展。在成功地将孩子与自己联系到一起之后，母亲的第二阶段任务应该是把孩子的兴趣扩展到父亲身上，但如果母亲自身对孩子父亲缺乏兴趣，那么这项任务几乎无法完成。她还需要把孩子的兴趣扩散到其所处的社会环境中去，比如家庭中其他孩子、亲朋好友以及普通人身上。母亲肩负着双重任务，她需要让孩子首先信赖一个人，然后将这种信赖和友好关系进行扩展，直到抵达整个人类社会。

如果母亲一味地引导孩子只对自己产生兴趣，那么孩子在将来会憎恶一切要求他关注他人的企望，他会向母亲寻求支持，对那些他自认为在与自己竞争，博取母亲关注的人充满敌意。只要母亲对父亲，或者家中其他孩子表现出兴趣，他就会感到被剥夺了权利，从而产生“妈妈只属于我，不属于任何人”的想法。

很多现代心理学家对这种情况有所误解。以弗氏理论中的俄狄浦斯情结为例，它的设定是，男孩有爱上了母亲，想与之结婚，并憎恨甚至想杀掉父亲的倾向。如果我们了解孩子的发展历程，便不会犯下这种错误判断。只有某些期望成为母亲关注的焦点，并排斥他人的男孩身上，才可能会存在俄狄浦斯情结。其实这是一种欲望，想要控制和操控母亲，使其成为自己的奴仆。而这种欲望只会出现在下面这类孩子身上：他们备受母亲宠溺，对他人没有同类感。有一些患上孤僻症的男孩便是如此，只与母亲产生联系，把母亲视为解决自己爱情婚姻问题的对象。但这种心态其实是在表达：除了母亲，无法与他人合作。他们不相信还会有别的女性可以像母亲一样百依百顺。于是我们说，俄狄浦斯情结通常是错误教育下的人造产物。我们没有任何依据去假设出来自遗传的乱伦本能，或是假想这种异常本能来自对性的欲望。

一个被束缚在母亲身边的孩子，一旦身处与母亲毫无关联的环境中就会出现麻烦。不论是去上学还是到公园里和其他孩子玩耍，他的目标依然是要和妈妈在一起。他对与母亲分开这种事情极其厌恶，总想把妈妈带在身边，占据其视线和思维。他有很多办法可以采用，可能会努力成为母亲的乖孩子，用温顺柔弱以博取同情，但稍有不如意，他就会用哭闹或是生病的方式，来表明自己非常需要人照料。除此之外，他还可能会用发脾气、不听话或与母亲争执的方式来引起关注。在问题儿童的病例中，有各种各样的被溺爱的孩子，竭尽全力寻求母亲的关注，却对任何外界环境的要求施以抗拒。

修正母亲犯下的教育错误，并非一定要剥夺母亲照顾孩子的权利，把孩子送往各种慈善机构，就算是需要一位母亲的“替身”，也一定要找到一个能够真正起到母亲作用的人，这个人能像母亲一样，让孩子会对她产生兴趣。而训练孩子的亲生母亲来做到这一点，显然要容易很多。

在儿童福利院长大的孩子总是对他人不感兴趣，因为没有人去成为这些孩子与他人之间的桥梁。曾经有研究者对福利院中某些发展不佳的孩子做过实验。他们找来护士或老妇人为这些孩子提供特别的照顾，或者找到家庭收养他们，而这些家庭中的母亲会把孩子当作亲生孩子一样照料。结果是只要养育者选择恰当的话，这些孩子们的情况便会大有改观。养育这种孩子的最佳方法就是，为他们找到父母和家庭生活的“替身”。如果打算把问题儿童从他们父母的身边带走，那么最需要做的就是找到符合条件的“替身父母”。事实上，大部分问题儿童都是孤儿、私生子、弃婴以及父母离异的孩子，从中不难看出，母亲对孩子的情感和兴趣有多么重要。

所有人都知道，继母有多么难做，丈夫前妻留下的孩子总是会表现出反抗。这个问题也不是没有办法解决，我遇见过很多成功的继母。不过，很多女性通常都不太能理解，怎么可能做得到。在失去亲生母亲后，孩子的目标或许会转向父亲，要求得到父亲的关注，并常被溺爱。当继母出现，孩子认为父亲的注意力被人夺走，从而会反抗继母。继母认为自己必须予以反击，这样一来孩子就真的受了委屈。继母向孩子开战，孩子的反抗愈加激烈。与孩子的战斗只会以大人的失败告终，因为大人永远无法通过赢得和孩子的对抗，而获得孩子的合作。在这样的斗争中，弱者反而总会胜利。向孩子索取他不愿给予的东西，这样的方法，永远不可能成功。如果我们认识到，武力无法解决“合作和爱”的问题，那么世上大概会少很多无用的压力和无效的努力吧。

父亲的作用

在家庭里，父亲所起的作用和母亲同等重要。最初的时候，他与孩子的关系并不亲密，但后来，父亲的影响会逐渐产生效果。如果孩子的兴趣没有被母亲引导和扩散到父亲身上的话，如我们前文所说，会出现一些危机。在社会感的发展路径上，这类孩子会遭遇严重阻碍。倘若父母婚姻不甚美满，那么孩子便会身处危险之中。母亲感到无法将父亲融入到家庭生活之中，可能是想让孩子独属于自己。有可能，父母会把孩子当作彼此博弈的一枚棋子，各自都想把孩子束缚在自己身边，希望孩子更爱的是自己而不是对方。

当孩子发现了父母之间的间隙，便会开始挑拨关系，对他们而言这轻而易举。这样一来，父母便开始竞争，看谁更爱孩子，更能掌控孩子。身处于这种家庭环境中的孩子，不可能被教育得乐于合作。孩子们人生首次与人合作的经验就来自于父母的合作，如果父母都无法好好合作，自然也就不要指望孩子可以。此外，孩子对于婚姻和伴侣最初的印象，也是来自父母的婚姻之中。不幸婚姻下的孩子，除非能修正他们的最初印象，否则在其长大后定会对婚姻持悲观态度。所以，如果父母的婚姻不是社会生活中优秀的合作，不是社会生活的产物，就无法为孩子的社会生活发展做出准备，那么孩子一定会困难重重。婚姻，应该是两个人形成伴侣关系，并谋求共同利益、后代利益和社会利益，任何一方面有所欠缺，都无法满足生活的需求。

婚姻是一种伴侣关系，并没有哪一方应该要占据优越地位。对于这一点，我们应该给予前所未有的重视。在家庭生活中，一切行为都不应存在权威，若是一方过于突出，或比另一方更受尊崇，那就很不幸了。若是一位脾气暴躁的父亲总想掌控其他家人，便会导致儿子对男性的定义做出错误的判断，而女儿则会深受其害。在日后的生活里，女孩会把男性视为暴君，在她们看来，婚姻意味着被征服和奴役。长大之后，她们有的人会对同类产生性的兴趣，以自我保护不受男性伤害。

如果在家庭中母亲过于跋扈，对家人唠叨不止，那么情况就会颠倒过来。很可能女儿会以母亲为蓝本，变得尖锐且挑剔。男孩则会随时表现出戒备状态，害怕被批评，总是担心自己陷入他人的控制之中，有时候不仅把母亲视为暴君，还会认为姐妹和女性亲戚会为了管束自己形成联盟。如此一来，他会变得内向，不愿融入社会。他害怕一切女性都这样唠叨和尖锐挑剔，因此会选择尽力躲避。没有谁喜欢被指责，但假如一个人认为生命中最主要的任务就是专注于逃避指责的话，那他和社会的全部关系都会深受其害。不论面对什么事，他都会以自己的方式去判断："我是征服者还是被征服者？"他把与他人的一切关联都赋予了胜负的意义，从此将无法获得忠诚的友谊。

关于父亲的任务，可以总结为：必须证明自己是妻子的好伴侣，孩子的好伙伴，生活的好成员。他需要合理解决三大生活难题——工作、友情和爱——与妻子平等合作，照顾并保护家庭。身为父亲不应忽视，女性在家庭生活中无法取代的作用。他的任务不是贬低伴侣，而是与之合作。要特别强调一点，即便家庭的经济来源依靠父亲，但财富同时也是家庭成员共享的。父亲绝不能表现得自己总在施舍，别人总在接受。幸福的婚姻关系里，父亲赚钱养家只是家庭分工合作的结果。很多身为父亲之人，会利用经济地位来掌控全家，但家庭里不应该存在统治者，任何有可能引起不平等感受的状况都应该尽力避免。

所有父亲都需要认识到，在我们的文化里，男性的特权地位被过度强化，所以妻子在婚后多少都有可能会害怕受到控制，担心身处劣势。他应该明白，不能因为妻子是女性，无法如男性一样成为经济支柱，就觉得妻子应该卑躬屈膝。不论妻子是否对家庭经济有所帮助，只要在家庭生活里好好合作，那么谁挣了钱，钱属于谁，都不是什么问题。

父亲会对孩子形成重大的影响。很多孩子会把父亲视为一辈子的偶像，或死敌。惩罚，尤其是体罚，总会对孩子产生伤害。所有以不友好的方式进行的教育，都是错的教育。然而很不幸，在家庭生活中，惩罚孩子的事情往往都推到了父亲身上。许多方面都能证明，这很不幸。第一，这显示出母亲确信女性无法真正教导孩子，认为自己是弱者，需要得到有力的帮助。当母亲对孩子说“等你爸爸回来再说”时，其实传递给孩子的信息是把父亲视为权威，以及生活中拥有实权的人。第二，这样做破坏了孩子与父亲的关系，令孩子害怕父亲，而不是把父亲当作良师益友。可能有些女性会担心，如果自己对孩子进行惩罚，是否会削减孩子对她们的感情，但无论怎样，处理的方式也不应该是把惩罚这种事情丢给孩子的父亲。因为在孩子看来，母亲为自己找到一个复仇者来帮助她，孩子对母亲的责怪一点也不会少。很多母亲在威胁或强迫孩子的时候会说“告诉你爸”，那么有没有想过，孩子今后会对男性在生活中的角色做出什么样的定义呢？

如果父亲可以采用积极有效的方式，处理好这三大生活难题，便会使自己成为构建这个家庭的必要成员，一个好丈夫和一个好父亲。他应该表现出容易亲近，交友广泛的状态，而非离群索居，被传统观念所束缚。父亲结交友人，就是在让家庭融入广阔的外界社会。我们应该允许来自外界的影响进入家庭，而父亲也应该给孩子明确的指引，如何培养自己的社会兴趣和合作能力。

不过，如果夫妻双方的朋友圈完全割裂，那也会产生真正的危机。他们应该生活在相同的社会圈层中，以免因为完全不同的朋友而导致分离。当然，我并非是要求他们必须形影不离，纠缠不放，而是说不应该让别的因素成为他们在一起的阻碍。举个例子，如果丈夫不愿意把妻子介绍给自己的朋友认识，那么问题就来了，这样的情况说明丈夫的生活重心在家庭之外。当然归根到底，回到前面的话题，我们应该让孩子知道，家庭是社会的组成单位，家庭之外还有很多可以信赖的人，这对他们的发展是很宝贵的。

如果一个父亲，和自己的父母、兄弟姐妹相处融洽，那么就其合作能力而言，这是个好兆头。当然，他需要离开原生家庭而独立生活，但这并不意味着他应该与至亲决裂，或者对其产生厌恶。有时候，两个依然依赖各自父母的男女结婚，会不自觉地夸大自己与原生家庭的联系。当他们提到"家"的时候，指的是父母的家，如果他们依旧把各自父母看作家庭的核心，那么便不可能建立起真正属于他们自己的家庭。这是一个牵扯到各个层面合作能力的问题。

有的时候，男方的父母会产生嫉妒的心理。他们渴望了解儿子生活中的一切，常常给儿子的新家庭带来麻烦。男人的妻子会认为丈夫不够重视自己，并对公婆的干扰极为不满。如果男方是不顾父母反对与女方结婚的，那么这种情况更甚。他的父母或许错了，又或许没有。如果她们对儿子的婚姻不满意，在婚前可以表示反对，但在婚后，她们只有一个选择——尽力让这段婚姻成功。家庭分歧是难免的，男人应该予以理解，没有必要忧心如焚。他应该把父母的反对看成是错误的，尽力证明自己是对的。夫妻两人并不用完全服从父母意愿，如果能够彼此合作，让妻子认为公婆是在为自己着想，而非只考虑自身利益，这样一来或许会轻松很多。

父亲所起的作用里，最被人期待的是：他能解决工作问题。他应该是受过专业训练，能够养家立业。或许妻子可以在这方面为他加持，今后孩子大概也可以。但在西方文化里，经济责任往往被附加在男性身上，解决这个难题的方法是，他必须工作，必须勇敢，必须了解自己的职业，深知利与弊，并且能够与同事合作，受同事尊重。

“能解决工作问题”的意义远不止如此。通过自身对待工作的态度，父亲能够以身作责地教导孩子，应该如何面对各种工作中的问题。因此，身为父亲的人，务必要反省一下自己，怎样才能成功地解决这个难题，比如，找到一份有益于社会，并可以为之做出贡献的工作。重要的是，这种工作并非是他自认为有用，而是的的确确很“有用”。不用听他怎么说，如果他喜欢吹牛，那很遗憾，但如果同时他确实为社会做出了贡献，那也无伤大雅，不是吗。

现在，我们来看看如何解决爱情方面的问题，包括缔结婚姻关系和创造美满有效的家庭生活。首要的要求是，丈夫应该爱自己的伴侣。一个人对另一个人是不是有爱，是很容易看得出来的。如果他爱她，就会“爱屋及乌”，把她的幸福作为自身目标。将所有的关爱都投入在某个人身上，并不是爱的唯一方式，夫妻和睦相处同样也是如此。他还需要让自己成为妻子的伙伴，乐于让她开心快乐。只有当两人把共同利益看得高于个人利益的时候，才会形成真正的合作，而每一方都应该对对方更感兴趣，而非自己。

不过父亲不应该在孩子面前过于暴露出对母亲的感情。夫妻之爱和父爱、母爱无法相提并论，是完全不同的，不能认为会此消彼长。但是假使父母过于明显地表现出夫妻之爱，有时候会让孩子认为自己的地位受到了威胁，会让他们心生嫉妒，想给父母制造障碍。

夫妻之间的两性关系不应该被忽视，这是非常重要的一点。有关性知识的问题，父亲母亲不需要主动对儿子女儿讲授，而应当在孩子想了解并且可以理解的生长阶段，对其做出合理的解释。我认为，在当下存在一种倾向，认为需要提前教授很多孩子尚无法理解的性知识，但最终结果是，孩子们会产生本不该有的兴趣点和感受，而那些关于性的知识，反而变得不再重要了。在过去，父母欺骗孩子们，不去谈论任何有关性的话题，和这种传统方式相比，所谓的新办法似乎也高明不到哪里去。其实最佳方式应该是，找到孩子们想要知道什么，并作出回答，而非把父母自认为的常理灌输给他们。父母必须保护好孩子的信任感以及自身感悟，即父母与自己合作，是想帮助自己找到解决问题的办法。如果这样去做，便不会有什么大问题。

父母不应该过分强化“金钱”的概念，或让“金钱”成为家庭纷争的主题。全职太太们对“金钱”的敏感度，会比丈夫们想象得还要强，如果被指责奢侈浪费之类的，她们会感到很受伤。家庭经济事务，应该在家庭经济能力之内，以合作的形式予以解决。从一开始就需要达成一致意见：母亲和孩子不能毫无理由地向父亲施压，要求负担其能力之外的开销。这样一来，应该没有谁会觉得其他人都依赖自己，或者自己受到了不公正的待遇了。

同时，父亲不应该认为有了钱，孩子就有了未来。我曾经在一位美国人写的有趣的册子里看到过一个故事。一个贫贱出身的有钱人，极端地想要确保后世子孙不再遭受贫穷的困扰，于是找到一位律师，请教该如何去做。律师问他，要多少代后人的富贵才可以令他满意，他回答，希望为后世十代提供足够的金钱。“你的想法是可以实现的，”律师说，“不过你有没有想过，你的每一个第十代子孙的降临，都和你一样具有五百多位祖先的共同作用，这五百个家庭都认为他是自己的后代，那么他还是你的子孙吗？”在这个故事里我们能够发现，不管人们想要为后代做什么准备，都是在服务于整个社会，因为我们没有办法割裂与他人的联系。

在家庭里不应该存在权威，而应该寻求真正的合作。父母需要与父亲一起努力，对孩子的一切教育事务达成一致意见。父母双方都不能在孩子面前表现出丝毫偏心，这很重要。偏爱的危险性值得我们一再强调。童年时期的沮丧情绪，基本上都是源于孩子认为别人比自己更受喜爱。有时候大人会觉得这种想法很无厘头，但如果父母表现出一视同仁的作风，孩子便不会产生这样的想法。如果父母偏爱男孩，那么女孩几乎百分之百会形成自卑情结。孩子的内心极为敏感，即便是最优秀的孩子，若是认为别人更受喜爱，也可能会走上错误的生活方向。

有的孩子成长发展得很快速，可能会比其他孩子更可爱，这时父母很难不对这些孩子表现出更多的喜欢。所以，父母需要懂得利用经验和技巧，来避免偏爱的表现。否则，成长快速的孩子会让其他孩子倍感压抑，感到沮丧。普通的孩子会产生嫉妒之心，怀疑自身能力，同时与人合作的能力也会受到影响。是否偏心并不是嘴上说说而已，父母们应该时刻留意，孩子们的内心有没有产生对“偏爱”的怀疑。

关注与忽视

孩子们很快就能擅长于找到各种办法来引起关注。比如，备受宠爱的孩子总是害怕独处黑暗之中，其实他害怕的不是黑暗本身，而是在利用“害怕”让母亲更亲近自己。曾有一个这样的孩子，常常在黑暗中大哭大闹，某天晚上，母亲听到哭声走进房间问他：“你为什么害怕？”他说：“因为太黑了。”不过母亲已经意识到他的“小伎俩”，于是问：“我进来之后，是不是没那么黑了？”关键不是黑暗，孩子怕黑只是说明他不愿与母亲分开。他的全部情感、体力和脑力都在参与建构这种情境，以便让母亲来到自己身边，重新和他在一起。孩子会通过哭闹、无法入睡，或者其他方式让自己变得“讨厌”，来设法让母亲亲近自己。

害怕，这种感觉值得教育学者们和心理学家们认真思考。在个体心理学中，我们关注的不再是找出害怕的原因，而是找到害怕的目的。几乎所有受到宠溺的孩子们都会感到害怕，通过这种方式引起关注，并把这种情绪纳入了生活方式之中。孩子利用害怕来达到与母亲亲近的目的，认为“胆小”的孩子会受到格外的保护和宠爱。

有的时候，有些受宠溺的孩子会做噩梦，大哭大闹。这种症状很普遍，如果把睡眠和清醒视为对立面，这样的情况就很难解释，当然这是不对的。睡眠和清醒并非对立，而是同一事物的变体。在梦里，孩子的行为和白天是差不多的。他企图将周围形势变得有利于自身，这个目标影响着他的整个身心。在经过一些训练和经历之后，孩子会找出达到目的最好的办法。就算是在熟睡，那些和他的目标相一致的思维、图像和记忆，也会在大脑中重现。累积一些经验之后，孩子就“发明”了利用产生噩梦的方式来让母亲靠近他。那些曾经被溺爱的孩子在长大成人之后还会做噩梦，从梦中获取“害怕”的感觉以便引起更多关注，这是他们久经考验的策略，也会成为他们顽固的生活习惯。

利用焦虑，也是一种非常明显的表达方式。如果有被溺爱的孩子在晚上从不惹是生非，那就简直太奇怪了。孩子们获取关注的花招异常多，有的孩子会感到睡衣不舒服，有的要喝水，有的害怕小偷或怪物，有的非要父母坐在身边，有的会做梦，有的会掉下床，有的会尿床……我曾治疗过一个被溺爱的女孩，看起来晚上一直平安无事，她妈妈说她睡眠很好，从不做梦，从不夜惊，一点都不麻烦。相反，这个女孩只在白天惹事。一开始我很纳闷，我提出的所有“花招”这个女孩都没有用过，直到最后，我终于想通了，我问这位母亲：“她睡在哪里？”她说：

"在我床上。"

受宠的孩子还常常求助于生病这一花招，因为一生病就可以获得比平日更多的宠溺。然而病愈之后，这样的孩子常会表现出问题儿童的某些迹象。一开始似乎是因为生病让孩子变成了问题儿童，但事实上，是他在病好后想起了生病时得到的关注，而病愈后母亲不再像那时那么宠他了，于是他选择做问题儿童以示抗议。有些时候，若是孩子发现，另一个孩子通过生病成为焦点，他也会企图效仿，甚至会亲吻生病的孩子，希望能被传染上。

曾有个在医院里待了四年的女孩，医生护士们都很宠她。当她离开医院回家后，一开始父母对她也很宠爱，但是几个星期后，关注便减弱了。一旦没有得到想要的东西，她就会把手指放进嘴里说："我住过院的。"她不停地提醒他人自己生过病，想要全力重建一个对自己有利的环境。有些成年人也是如此，总是喜欢谈论病史或做过的手术。另一方面，在生病后总让父母心力交瘁的孩子也可能改变，不再制造麻烦。我们很清楚，身体缺陷对孩子而言是一个额外的负担，但是这不足以解释所有坏品性的形成。所以我们对身体的治愈和品性的改变是否有所关联提出质疑。

一个在家中排行老二的男孩，撒谎、偷窃、逃学、桀骜不驯……惹出了不少麻烦。老师对他一筹莫展，甚至想把他送往劳教所。正在这个时候，男孩生病了，得了臀部结核，打着石膏在病床上躺了半年。病治好后，他变成了家中表现最好的孩子。我们认为生病本身对他不会形成这样的影响力，显然，这种改变是因为他认识到了自己的错误。他曾经一直认为父母更偏爱弟弟，一直觉得自己被排斥，在生病期间，他成为全家人关注的焦点，每个人都在照顾和帮助他。于是，男孩很聪明地改变了从前的想法。

我们继续谈论下家庭合作中另一个同等重要的部分：孩子之间的合作。只有孩子们感受到平等，才会良好地接受关于社会感的基本教导。只有男孩和女孩感受到平等，才不会在两性关系上产生严重问题。很多人会问："为什么同一个家庭里的孩子会出现很大差距？"一些科学家试图用不同的遗传结构来解释这个问题，但我们认为这只是一种迷信。如果把孩子的成长比作树苗的生长，我们可以看到，就算是一同生长的树木，事实上也有着不同的环境。有一些树生长得快一些，因为得到了更充足的阳光，拥有更肥沃的土壤，其生长便会逐渐影响其他树木的生长。它们的枝叶会遮住阳光，根脉向四周延伸，夺走其他树木的养分。而其他树木的生长会受阻，变得矮小。在家庭中，如果一位成员过于出众，也会出现同样的情况。

我们已经明白，在家庭中父母都不应该身处控制地位。通常，当父亲表现得很成功，才华出众时，孩子们会认为自己无法企及同样的高度，于是感到气馁，对生活的兴趣逐渐削减。这就是为何出身名门的子女往往会让父母和社会感到失望的原因。

孩子们看不到任何能够取得和父母相媲美的成就的可能性。所以，如果父母事业有成，不应该在家中过于强调这件事，否则反而会阻碍孩子的发展。

孩子之间也是这样的。如果某个孩子发展出众，可能会获取到更多的关注和喜爱，这对他个人来说是很好的事情，但对其他孩子而言，会让他们因为这种差异而心生憎恨。没有谁会对无法受到平等尊重而忍气吞声，他们不会因此停下追逐优越地位的脚步，这种追逐本身是永无休止的。可是，这种追逐会改变方向，可能会不切实际，也可能对社会并无大用。

家庭格局

我们探究到孩子会根据自身在家庭中的地位来体验利弊，这是个体心理学研究开辟的一个崭新天地。我们用最简单的方式来思索这个问题，假设父母合作愉快，并尽心养育孩子。但每个孩子的家庭地位依然会对其产生很大影响，成长都会与众不同。我们再次强调，同一个家庭里的孩子们处境决然不同，他们的生活方式都是在表达，他们在尽力调整自我以适应特殊环境。

家庭中的老大

每一个老大都会拥有一段“独家专享”的时期，但在家庭中的第二个孩子出生后，不得不马上做出自我调整以适应新局势。老大往往会得到很多关注和宠爱，已经习惯处在家庭的核心位置，但另一个孩子的降临让他不再是唯一，他忽然之间发现自己地位不保，猝不及防。此后，他只能和一个对手分享父母的关爱了。家庭格局的变化通常会给孩子带来极大影响。很多问题儿童、神经症患者、罪犯、酗酒者以及怪癖者等人群的问题，都是在这样的状况下产生的。老大们对另一个孩子到来的感受刻骨铭心，那种被剥夺感彻底改变了他们所有的生活方式。

老大之后出生的孩子，也有可能会以相同的方式失去自身地位，但被剥夺感不会如此强烈，毕竟他们已经和另一个孩子产生合作，从来没有独享过父母的关爱与照顾。但是对于老大而言，这个变化可谓翻天覆地。假如他的的确确因为新生命的到来而遭受忽视，我们便不能强迫他忍气吞声地接受现实；如果他心怀怨恨，我们也无法对他口诛笔伐。当然，假如父母能够让他相信自己依然被深爱，相信自己的地位无可动摇，更重要的是，帮助他做好迎接新生命的准备，与他合作照顾弟弟或妹妹，那么这种危险就会消失，不留痕迹。然而大多数情况是，老大没能做出充分准备，新生命也的确从他身上夺取了关爱和欣赏。他开始想尽办法把母亲拉回到自己身边，重获关注。有的时候我们会看到一位母亲被两个孩子拉扯，每个孩子都在力争更多地占有母亲。

老大更擅长使用武力和想出新伎俩。在这样的处境中，他们会怎么做呢？假如我们处在同样的境地，有着同样的追求目标，我们的言行举止将会和他殊途同归，同样会想方设法让母亲担心，反抗母亲，做出一些令她无法忽视的行径。他们就是这样的。渐渐地，母亲失去了耐心，而他们使出浑身解数，孤注一掷，进行反抗。母亲对他们制造的麻烦忍无可忍，最后，他们终于体会到失去关爱的真正滋味了。本是为了重获母亲的爱，结果反倒失去得更彻底。他们曾自认为备受冷落，现在真的被冷落了，却又开始理直气壮起来，“我就知道会是这样”，他们如此想。别人都是错的，只有自己是对的，他们在陷阱中挣扎，可挣扎得越是激烈，情况越糟糕。他们的所言所行，时刻都在印证着他们对自身处境的看法，一旦他们直觉自己是对的，又怎会放弃反抗呢？

对于所有反抗行为的研究，都需要分析其个体的特殊处境。假若母亲做出反击，孩子们将变得暴躁、挑剔、不听话。当他们背离母亲后，父亲通常会为其提供重获关注的机会，他们会对父亲的兴趣越来越高涨，并尽力去争取父亲的关爱。通常情况，老大会更喜欢父亲，父亲会更向着老大。当孩子开始对父亲更感兴趣时，意味着进入了第二个阶段。最初他们是依恋母亲的，但现在失去了母亲的关注，为了表示谴责，他们把感情投向父亲。如果一个孩子更喜欢父亲，我们就可以推断出，他曾经遭受过挫折，令他认为自己受到忽视和拒绝，并一直无法释怀，他全部的生活方式都被困在了被拒绝的感受中。

这样的反抗持续时间较长，甚至会是一生。一旦孩子学会了反抗和抵制，那么他就会将其运用在所有环境中。他对所有人都不感兴趣，逐渐失去希望，认为永远都不可能得到任何人的真心实意。他会变得内向且暴躁，无法与人合作，最后把自己和人群隔离开来。这些行为表现都是源自最初那段独享关爱的时光。

因此我们说，老大往往会以某种方式，表现出对过往的留恋。他们喜欢回忆过去，谈论过去，羡慕过去，对未来悲观相向。有时候，一个失去过“权力”，失去过自己小王国的孩子，会比别的孩子更深刻地理解到权威的重要性。在其长大成人之后，他会倾向于行使权力，夸大法律和纪律的威信。他们认为，任何事情都必须服从法律，法律永远都不会改变，而权力只属于被赋予了权力的人。我们能够看到，这种在儿童期引发的影响会导致个体强烈地倾向于保守主义。这一类人在为自己建立起良好的地位后，总是担心被他人赶超，总是怀疑有人想赶走自己，谋权篡位。

老大的处境为我们提出一个特殊命题，如果解决得好，将转化为老大的优势。当家庭中的新生命诞生时，如果老大已经学会了与人合作，他就不会感受到伤害。他们会想要去保护和帮助他人，并试着模仿父亲或母亲。与弟弟妹妹在一起时，他们会扮演起父母的角色，照顾和教导弟弟妹妹，并感到这是对弟弟妹妹的责任。有时候，他们会展现出巨大的组织能力。尽管保护他人的努力可能也会被夸大，从而延续他人对自己的依赖，进而控制他人，不过，这些都不是很严重的情况。

根据我的经验，在欧美地区，绝大多数问题儿童都是老大，然后是老二。这些特殊的位置会引起一些很严重的问题，而教育方式尚还无法顺利地解决长子的困惑。

家庭中的老二

老二的处境与老大截然不同，无法与其他孩子的处境相提并论。从一出生，他便和老大一起分享关注，所以他比老大更容易与人合作。如果老大不对抗他，打压他，老二的处境会相当不错。不过在他的整个童年时期，有一点异常重要：他需要有个“领袖”。无论在年纪上还是个人发展上，他总要面对老大，这随时都在刺激他想尽办法去追赶。典型的老二很容易辨认，他们总是表现得如同在参加比赛，似乎总有个人领先一步，他不得不加紧自己的步伐。他时刻都在努力，一直期望赶上和征服老大。

《圣经》中有很多奇妙的心理暗示，比如雅各的故事，就精彩地塑造出一个典型的老二形象。他希望成为第一，超越和征服哥哥以扫，并取代其地位。老二会对自己落后于人感到恼怒，会尽力去征服他人。事实上，他们通常都会成功。老二的才能往往比老大更好，且更成功。显然，这和遗传并没有什么关系。他们赶超得很快，是因为他们更加努力。即便是在他们长大成人，离开原生家庭之后，他们也总是会为自己设定一个“领袖”，一个他们自认为更有地位的人，从而激发自己努力去超越。

我们能够在日常生活中观察到这些个性特征，毕竟一切言行表现都带着个性的痕迹。同时，我们在梦境中也能够发现相关的信息。比如，老大会经常梦见自己“掉下来”，或者身在高位，却对自己是否可以保持这种优越地位产生疑虑。老二会经常梦见自己在赛跑、追赶火车或者与人比赛骑自行车。有时候我们可以根据这些明显匆忙的梦境，轻松地推测出做梦的人是老二。

当然，规律并非固化不变。不是表现得像老大，就一定是老大。决定因素在于环境，而非出生顺序。在一些大家庭里，某些出生较晚的孩子，其处境和老大并无二致。有时候，前两个孩子出生的时间靠近，很长时间之后才有了第三个孩子，此后又有了两个。这种情况下，老三可能会表现出老大的全部特质。同样的道理，家庭里可能不止一个老二，四五个孩子相继出生后，还会出现某个典型的“老二”。假如两个孩子年纪相仿，共同成长，并且和其他孩子有较大的年龄差距，他们就会完美地表现出老大和老二的种种特质。

当老大在某种竞争中失败时，他可能会出现问题。他为了保住自身地位，开始打压弟弟妹妹，这时候老二就有了麻烦。如果老大是男孩，老二是女孩的话，老大的处境会很糟糕，他需要面对被一个女孩击败的危险，在他看来这可能是奇耻大辱。比起两个男孩或者两个女孩之间的竞争，这种一男一女的竞争情况更为激烈。

在竞争中，女孩天生就有优势，总会被偏爱。在十六岁之前，不论是生理还是心理，女孩的发展都比男孩要快。大多数时候，哥哥们会放弃争斗，表现出懒散和沮丧，同时“另辟蹊径”以获取更大权威，比如吹牛，或者撒谎。显然，这样一来，女孩肯定会赢。于是男孩走上歧途，女孩轻松通关，大步向前。其实这些情况都是可以避免的，只需要父母事先就要意识到风险的存在，并在危险来临之前采取行动。家庭应该是一个整体，所有成员都应该平等相待，相互合作，而非充满竞争，更不可以让孩子们有理由认为自己受到了威胁，并把时间浪费在反抗上。只有这样，才能避免各种不良后果。

家庭中最小的孩子

除了最小的那个孩子，其他孩子都拥有弟弟或妹妹，因而他们的地位随时有可能被取代。这种事情却永远都不可能发生在最小的孩子身上。他没有弟弟或妹妹，却有很多“领袖”。他很可能最为受宠，是家里的宝贝。他将要面对所有受宠孩子的一切问题，不过因为他同时要面临异常多的竞争，受到异常多的激发，所以往往会发展得特别好，比其他孩子发展得都迅猛，甚至遥遥领先。在人类历史上，最小的孩子所处的地位从未被动摇。在那些最为古老的故事里，我们常常可以看到，关于最小的孩子如何超越其他孩子的描述。

在《圣经》的故事里，获胜的一方总是最小的孩子。约瑟夫是被当作最小的孩子抚养大的，尽管班杰明在约瑟夫出生后十七年降生，但他对约瑟夫的发展毫无影响。约瑟夫的生活方式是典型的最小孩子的生活方式，总是极力维护自身的优越性，即便是在梦里，其他人也都必须对他低声下气，无法盖过他的光芒。他的哥哥们很容易就理解了约瑟夫的梦，对他们而言这并不难，毕竟在一起生活，约瑟夫的态度早就十分明确了。哥哥们对他梦中所激发的感觉也有所忌惮，害怕他，想除掉他。不过后来，约瑟夫从最后奋斗到第一，成为了家里的支柱。

最小的孩子总能成为家庭支柱，这绝不是偶然。人们早已看到这个现象，所以才出现了那么多关于最小的孩子极具能量的故事。的确，看起来他们的处境十分有利：父母兄姊都能帮助他，很多方面都可以激发起他的雄心壮志，并推动其进行实践，而且没有人会攻击一个最小的孩子，或分散他的注意力。不过我们却发现，在所有问题儿童中，最小孩子的比例排在第二。出现这种情况，主要是因为他们身上往往集中了全家人的宠爱。被溺爱的孩子是不可能真正独立起来的。他们缺乏通过自身努力获得成功的勇气，而最小的孩子又总是心高气傲，一般情况下大多数心气高的孩子都很懒惰。懒惰，是野心与沮丧相互作用的产物：野心太大的人，会看不到实现目标的希望。有的时候，最小的孩子并不承认所谓的野心，因为他们希望自己方方面面都很优秀，希望自己不被限制，希望自己是唯一。但他们的内心通常深感自卑，这一点不难理解，因为四周的人都比他们强大，比他们有经验。

独生子女

独生子女所面临的问题相对特殊，他们仍然会有对手，但不是兄弟姐妹，而是父亲。独生子女备受母亲宠溺，害怕失去母亲，总想把母亲拴在自己身边，也就是所谓的“恋母情结”。他们常常拉着母亲的围裙，常常会把父亲推出家门。对于这种情况，只有父母一起努力，让孩子对双方都产生兴趣，才能避免。不过大多数情况是，父亲和孩子的联系少于母亲。这和老大的处境很相似，希望能征服父亲，并喜欢与年长之人相处。

通常情况，独生子女都会恐惧弟弟妹妹的到来。当有人对他们说“你应该有个弟弟或妹妹”时，他们会对此感到怨恨。独生子女从来都是家庭中的焦点，他们认为这是自己的权力，一旦地位受到威胁，就会感到自己遭受了不公的待遇。在往后的日子里，如果他们失去了焦点地位，便会产生很多问题。他们出生后总是被小心翼翼地保护着，这也会阻碍他们的发展。除非父母因故无法再生育，否则就应该尽量打破“独生”的局面。然而，我们经常看到，就算是一些本可以养育更多孩子的家庭，往往也只有一个小孩。这些父母们胆小且悲观，认为在经济上无力抚养更多。整个家庭气氛满是焦虑，独生子女深受其害。

当一个家庭里，孩子们的年龄差距较大时，也会表现出独生子女的部分特质，但这种情况并不是太好。总有人问我：“家庭地位如何设置最好？”“孩子们是年龄差小一点好，还是大一点好？”在我看来，最好能让孩子们相差三岁左右。一个三岁的孩子，当有了弟弟妹妹之后，是可以进行合作的，他已经能懂得，家里会有别的小孩。如果只是一两岁的孩子，便无法和父母谈论这件事，也无法理解其中的道理，也就没有办法为此做出充分的准备。

如果一个男孩的家中的成员几乎全是女性，他便成为独子，日子也会不太好过。一旦父亲大多时候无法在家，他就得完全生活在一个女性圈里。他接触的人只有母亲、姐妹以及女佣，他可能会觉得自己是异类，导致他长大后会远离人群。倘若这些女性都联手对付他一个人，就更容易让坏情况发生。她们认为需要联合起来“教导”他，或者希望证明他没有理由感到骄傲。于是，充满敌意的竞争关系形成了。如果他排行中间，处境最糟，因为他会腹背受敌；如果是长子，那他一定会被至少一个女孩穷追不舍，而这个女孩一定是锋芒毕露的对手；如果他是最小的孩子，通常只会被溺爱。

在一群女孩中长大的独子处境危险且艰难，只有让他们积极参与社会生活，和其他孩子交流，才能解决他们的难题。否则，他们会因为身处女性环境，而变得愈发像女孩。女性环境和混合环境有很大的不同，就好比一间根据居住者品位制定标准并装修的房屋，如果居住者是女性，那么房屋一定是整洁干净的，色彩被精心挑选过，细节也被认真处理过；如果居住者中有男性，房屋就不会特别洁净，会显现出更多的粗糙，更多的喧闹并有着奇怪的家具。在女孩子堆里长大的独子，在品位和人生观上都会有些女性倾向。

也有可能发展成另一种极端，他对这种氛围做出强烈反抗，极力强化自己的男性特征。他始终小心谨慎，打定主意不受任何女性控制。他认为必须要维持住自我优越感，但总存在一丝丝紧张。他会发展得很极端，要么把自己训练得异常强壮，要么让自己异常虚弱。

相似的情况也存在于独生女身上，在男性环境中长大的唯一的女孩，要么会十分有女人味，要么会很男孩子气。一般来说，会有某种不安与无助的心态伴随她们一生。这种情况很值得认真探究，但并非能够常常遇见，在做出更多总结之前，我们还需要更多论证。

我在研究成人病例时经常看到他们童年时期的痕迹，而且这些痕迹从来都不会，也永远不会消失。在家庭中的地位会对人们的生活方式产生很大的影响。人们发展中所遭遇的一切困境，都来自于家庭——有竞争，无合作。看看我们的社会，如果把它视为一个整体的话，最显著的一个属性便是竞争。几乎所有人都希望成为征服者，超越他人，并努力追逐着这个目标。

这样的目标和童年时期的各种经历密不可分，是在家庭中遭遇不公对待后所激发的竞争状态。我们只能通过培养孩子们的合作精神，才有可能帮助他们改正错误。

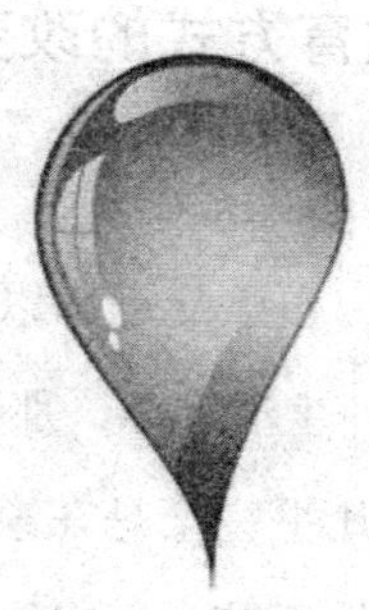

第七章　学校的影响

教育方式的改变

学校是家庭的延伸。如果父母可以完全担负起教育孩子的任务，教会他们解决各种生活难题，那么学校就没必要存在了。在过去的时代里，孩子几乎完全是在家里接受教育的。比如工匠会培养儿子学习自己的手艺，把自己的实践经验与技巧传授给他。但是当今文化对我们提出了更高的要求，于是需要通过学校来减轻父母的负担，以便父母可以继续刚起步的事业。不断进步的社会要求年轻人具备更高的知识水平，而这些是在家里无法获得的。

在美国，学校尚未完成欧洲已经历经的发展阶段，在有的学校，还可以看到权威或传统教育的遗留。在欧洲的教育史上，过去只有王室和贵族的子弟能够接受正规教育，因为他们被视为有价值的社会成员，而其他人只能恪守本分，不能企图爬得更高。再后来，对社会有用的人越来越多，宗教机构接管了教育职责，于是少数经过筛选的人得到了机会，学习神学、艺术、科学以及专业教育。

随着科技的进步，传统的教育方式已无法胜任时代要求，但争取广泛教育是个漫长的过程。村镇上的老师往往还是当地的补鞋匠或者裁缝，教学的时候手里拿着一根棍子，但效果不佳。只有教会学校和大学才有艺术和科学的课程，甚至有的皇帝都不会学习读写。后来，工业革命的发生迫使工人们必须要会读写、计算以及绘图，于是，公立学校应运而生。

然而，这些公立学校基本上都是根据政府需求建立的。当时的政府所需要的是有一定教养的顺民，既能够维护上层建筑的利益，又能够随时出兵作战。学校的课程设置也是出于这样的目的。我记得在奥地利，这样的情况还残存了一段时间。那时，对无权阶层进行教育的目的就是使他们驯服，让他们胜任相应社会地位的工作。不过渐渐地，这种教育方式的缺陷原形毕露。自由思想的萌芽让工人阶级日益壮大，接受公平教育的要求也日益增多。公立学校为了适应这些要求做出调整，逐渐形成某些当下主流的教育理念，譬如儿童应该学会独立思考，应该熟悉文学、艺术和科学知识，长大后应该分享全部人类文明，并为之做出贡献。人们不再只停留在教会孩子谋生的技能，因为社会需要能够为人类利益共同努力的人。

教师的作用

任何一个建议学校改革的人，实际上都是在寻求某个途径来增加社会合作度。譬如，进行性格教育的要求被提出，其背后隐藏的目的便是如此。如果我们用这样的方式思考问题，那么很多事都会顺理成章。然而总的来说，教育的目标和技巧还没有得到完全的理解。我们需要找到很多老师，不仅可以教会孩子谋生的技能，还能教会他们有利于人类的行事方式。他们必须要意识到，这项任务重要至极，同时他们自身也需要接受相关的训练以便完成任务。

性格培养

目前，还没有针对性格培养的明文规定，也就是说，还没有太好的途径能够彻底修正性格缺陷。就算是在教育体系相对完善的学校里，性格培养也收效甚微。家庭教育的不足使得孩子们的性格有所缺陷，即便是在学校里有了些许改观，但依然会时常犯下同一类错误。想要尽力帮助孩子们得到正常的发展，提高老师们的素养是唯一有用的方法。

为了验证我的想法，我走访了很多学校，调查的结果是：维也纳的学校在这方面做得较好，收效也不错。而别的地区，许多心理专家会尽力给孩子们排忧解难，但学校和老师并不接受专家的观点，更不懂得如何配合并进行实施，完全没有什么效果可言。对于需要做出改善的孩子们，心理专家会每隔两三天就见他们一次，甚至到每天见一次，但专家依然不了解孩子们的家庭环境和校园环境，因此效果也不是很好。心理专家会让孩子们加强营养，甚至去做甲状腺的检查和治疗，可能还会给孩子们的老师一些信息，让他们知道孩子们需要特殊帮助，但老师们常常不明就里，也就不知道如何是好了。毫无疑问，只有老师对孩子真正地深入了解，才有可能给予他们相应的帮助。所以说，心理专家和老师的相互合作十分重要。老师需要明确心理专家的意图，深入了解孩子的状态，才能有助于孩子的治疗。只有这样，当孩子在学校出现意外时，老师才不至于束手无策。想要达到这样的效果，就需要像维亚纳的学校一样，建立起专门的心理咨询部门。

对于刚踏入校园的孩子来说，眼前的生活考验是全新且陌生的，这些考验会让他成长中的各种毛病都原形毕露，并要求他在这个更大的范围内与人合作。那些在家里备受宠溺的孩子，一点也不想离开家人的照顾，也不能接受与他人平起平坐。因此，不难看出，刚入校的孩子几乎是完全缺乏社会责任感的。他们会哭着闹着要回到父母身边，一点也不关心学习，不关注老师，不听老师的话，因为他们的心里只有自己。假如他们始终以自我为中心的话，我们也不可能指望他们能学习优秀了。有的父母会抱怨，自己孩子在家挺好的，一到了学校就成了“小恶魔”，不停地惹出各种麻烦。不难推测出，这些父母的孩子，家庭地位肯定高高在上，不受限制，也没遇到过什么考验，于是在家里并不会显现出他们个性的缺陷，但是进入校园之后，他们不再享受专宠，自认为成了失败者。

有个孩子从入校的第一天起就厌恶学习，还总是对老师说的话嗤之以鼻，于是他被老师们认定为问题儿童。我问他：“你为什么老是要讽刺老师说的话呢？”他回答说：“他们把我送进学校就是故意要让我难堪，学校只会让我越来越傻。”原来他在家里总是被人戏弄，所以他认为学校里的人也会那么对待他。在我看来，他的自尊过于敏感，谁会一天到晚想着戏弄他呢。还好，他遵循了我的建议和指导，逐渐开始喜欢上学校，学习成绩也开始进步了。

师生关系

老师，不仅要擅长传递知识，也应该善于发现孩子们的问题，并帮助孩子及其家长，对错误进行修正。有些孩子在入校之前已经从家庭中学习到如何关注他人，于是很容易就适应了校园环境。而另一些尚未做好准备，不得不面对陌生环境的孩子们，会显得畏首畏尾，瞻前顾后。他们反应很慢，动作迟缓，并不是因为智力有问题，而是不知道该怎样融入新环境，怎样与陌生人交流。想要让他们尽快适应校园环境，就得需要依赖老师们的帮助了。

老师应该如何去做呢？首先应该尽力让自己成为母亲一样的人，和孩子们打成一片，得到他们的关注。孩子对老师的关注程度，直接影响着孩子此后做出的转变或改善程度。责骂和处罚绝不可取，也毫无作用。对不愿意融入校园环境的孩子进行惩罚，只会让他更加坚定自己的想法：我想得的确没错，学校果然不是什么好地方。设身处地地想一想，不论是谁，在学校里经常被老师责骂和惩罚，都会想拼命逃出去，不再想面对老师，不再想受到学校的管制。

为什么那些经常逃课、喜欢捣乱、成绩很差或者看起来笨笨的学生都对学校厌恶至极？大部分原因都是人为的。他们绝对不蠢不笨，比如在给逃学找借口，还有模仿家长笔迹等方面就比别人“伶俐”得多，当然学校里是不会有人看到他们这些方面的优点的。“逃离”学校之后，他们会和“同类”混到一起，在这个圈子里他们彼此赞扬，所获得的成就感比在学校里多得多，于是他们认定在学校里是无法彰显自我价值的。根据经验，在班级里被视为另类的那些孩子们，总是很容易被坏人欺骗或引诱。

学习兴趣

如果想要得到孩子的关注，老师就需要对他过去的关注点有所了解，并让他明白，不论是过去的关注点还是新的兴趣方面，他都能够获取成就。当孩子对某个事物充满信心时，在其他事物上也会有相同的反应。因此，我们需要去了解，孩子认识世界的最初方式，他们的关注点及其所具备的优势。有些孩子偏爱观察，有些偏爱倾听，还有些喜好运动。视觉型儿童的兴趣会锁定在那些需要用到双眼的事情上，比如绘画，但假如无法发挥视觉方面的优势，他们对知识的接受速度就会很慢。譬如，这一类孩子始终无法将精力集中在“听”老师讲课上，于是他们被误认为是天生愚笨，对学习没有天赋。目前，有部分学校的授课方式开始注意对多种器官功能的调动，比如把绘画和建模型结合在一起，这样的方式是值得大力推广的。我们的确应该在社会环境的要求下去进行授课，以便让孩子领悟到课程的实用性，了解学习的真正意义。有人提出疑问：“是让孩子掌握知识重要，还是培养他们的独立思考能力重要呢？”显然，这两者相辅相成，是一个整体，不能分离看待。譬如，在传授数学知识的同时，可以结合修建房屋的实际事例，让孩子们计算木材的用量，居住者的人数等等，这样的教育方式对孩子大有好处。

在讲课的时候，不仅可以把多种学科知识融合在一起进行解析，还可以把课程内容与实际生活关联起来。譬如，老师可以和孩子们去户外，在路途中教会他们认识各种植物的名字、结构、功能和习性，告诉他们气候对不同植物的影响，景观的特点和农业的历史沿革等等，这样便能找到孩子们的兴趣点。当然，这需要老师对孩子们拥有最真挚的关爱，否则一切都是空谈，更别说教育孩子了。

课堂合作与竞争

在如今的教育体制下，我们总是会发现：孩子在刚进入学校的时候，对竞争的准备比合作更充足。而且校园生活对竞争意识的训练会不断持续，这对孩子而言就像是一场灾难，他们要么横冲直撞击败对手，要么落于人之后放弃奋斗。出现这两种情形是因为孩子只对自己感兴趣，个人目标不是帮助和奉献，而是为个人利益做出努力。家庭是一个整体，每个成员都应该是平等的，在班级里也应该如此。如果接受的教育是这样的，孩子便会互相产生兴趣，变得喜欢与人合作。

我接触过很多“有障碍”的孩子，通过对同学感兴趣，与同学合作，而完全转变了自身态度。譬如说有一个孩子，生长在一个自认为每个人都对他怀有敌意的家庭，同时也认为学校里的每个人也都对他怀有敌意。这种敌意时常有所表现：当他的成绩单很不理想时，不仅在学校里会被训斥一番，回家后还会被再次惩罚。这种体验哪怕是一次也会让人沮丧，受到两次惩罚实在很残酷，这也就不难解释，为什么这个孩子成绩很差，而且是班里的捣蛋鬼。最后，一位老师理解了他的处境，向班里的其他孩子说明了真相——他原以为所有人都与自己为敌。老师希望大家能帮助他，让他相信每个人都是朋友，后来，这个男孩的行为发展得到了意想不到的改善。

有的人会质疑，真的可以教会孩子理解并帮助他人吗？以我的经验来看，往往孩子比大人们更能够理解这些事。有一次，一位母亲把她的两个孩子带到我这里，两岁的小女孩爬到桌上，母亲被吓得不知所措，只是大喊“下来下来”，小女孩压根没有搭理她。这个时候，三岁的哥哥说：“待在那儿！”小女孩立刻安全地爬了下来。这个小哥哥比他的母亲更理解妹妹的处境，更了解在这种情形下该怎么做。

对于怎样发展班级的合作与统一，有一个常被提及的建议，那就是让孩子们自治。但对于这个建议，我们想说必须谨慎而为，孩子需要有老师作出指导，并且老师要确信孩子们已作出充足准备。否则结果将会是，孩子们对于自治并不认真，只是把它看作一场游戏。但他们又会比老师严苛许多，或者利用各种机会来展现个人优势、散布谣言、嘲弄彼此，甚至会去争夺优越地位。所以从一开始自治，老师就必须持续地观察，不断地建议，这非常重要。

当人们看到某个关于孩子智力、性格或社会行为的最新标准时，难免会去做对比和测试。有时候，这些智力测验可以拯救孩子。比如成绩不佳的孩子，原本会被留级，但在对他进行了某个智力测验后发现，他实际上应该属于更高的年级水平。当然，我们必须了解，孩子将来发展的限制是无法预见的，智商指数低只能说明他有困难，重要的是我们要找到办法来帮助他克服这些困难。根据个人经验，如果智商测试的结论中并不涉及心理问题，那么当孩子找到正确方法时，便可以改变现状。另外，如果允许孩子玩智力测验，熟悉并发现其评判原理，在累积了经验后，孩子的智商指数便会提高。总之，我们不应该用智商高低去衡量孩子未来发展的高度，更不应该做出遗传决定命运的设定。

其实我们也不应该将智商指数告诉孩子父母或孩子本人。当他们不了解这种测试的真正意图时，或许会认为这是一个最终判决。教育中最大的问题，不是孩子有某种限制，而是他们认定自身存在了某种限制。如果一个孩子知道了自己的智商指数很低，他会很失望，认为自己永远也不可能成功了。在教育过程中，我们应该帮助孩子增加自信和兴趣，帮助他们消除为自己设定的种种限制。

对于学校的评语，也是一样的道理。如果老师给出的评语很差，或许只是出于激励的初衷，但家教严格的孩子会很害怕把评语带回家，甚至不敢回家，或者偷偷改掉评语。有的孩子在面对这种事情的时候还会选择自杀。所以，身为老师的人，需要考虑到这些评语有可能会激发起怎样的反应，就算不需要对孩子的家庭生活及其影响负责任，但也务必要将这些因素考虑在内。

假如家长好胜心强，孩子一旦带着差评回家，就很可能为自己招来责骂和家庭争吵。若是老师稍加宽容体恤，孩子可能会深受激励，继续寻求进步，努力争取成功。假如一个孩子在学校总是得到差评，进而每个人都会认为他在班级里最差，到最后他自己也相信了，并认定事实无法改变。然而实际上，即便是最差的学生，也会进步，也能提高。很多杰出人士的经历能充分说明，在学校落后的孩子依然可以重拾信心和兴趣，最终取得傲人的成就。

孩子自身并不需要任何评价的帮助，就能对彼此的能力做出合理的判断，这一点很有趣。他们明白谁的数学最好，谁的拼写最棒，谁绘画好，谁最会玩游戏，也深知每个人在班级里的地位。然而，他们有着共同的错误认知，认为自己无法做得更好了。他们看到领先自己的人，以为自己赶超不了。如果孩子对这种想法抱着异常坚定的态度，那么他会被这种想法控制一生。是的，就算长大成人，他也会测量自己与他人的距离，以证明自己总是落后。

大部分孩子在经历过的所有班级中，其地位大都相差无异，要么一直名列前茅，要么一直身处中游，或者一直徘徊在最后。

这样的表现并不能证明孩子的天赋如何，只能说明，人为自身所设的限制、乐观程度以及活动范围。在班级里排名最后的孩子忽然某天开始进步惊人，这种事情并不异常。孩子们应该了解自我设限会导致错误，老师和孩子都需要打破迷信：智力发展取决于遗传。

先天素质与后天培养

教育所犯下的所有错误里，最严重的莫过于认定遗传限制发展。这让家长和老师们都有了为自身错误开脱的机会，让他们继续放松警惕，轻易地化解了自己对孩子成长的影响和责任。一切企图逃避责任的心态都应该严加反对。如果一个教育工作者把孩子智力和性格的发展归咎于遗传，他怎么可能在教育行业中做出优秀的成绩来。相反，如果他意识到自身的态度和努力对孩子至关重要，他就必须得负起责任来。

在这里需要说明一下，我指的遗传不是生理性遗传。生理性遗传理论是无可争议的。我相信，只有个体心理学会去探究遗传因素对心灵发展的重要性。孩子是能够意识到自身心理障碍的，并会根据对这些障碍的自我判断，限制自身发展。对心灵产生影响的不是障碍本身，而是孩子对待障碍的态度以及相应的发展。所以，如果一个孩子存在身体缺陷，那就必须让他明白，自己并不一定存在智力缺陷或个性缺陷，这一点非常重要。在上一章里，我们已经阐述过，同样的身体缺陷，可能会激发出个体更大的努力，令个体获取更大的成功，也有可能成为个体发展无法逾越的障碍。

在我第一次提出这个观点的时候，受到了很多人的指责，他们认为我不够科学，提出的只是不现实的个人理念。但事实上，我是从各种经验分析中提出的结论，且正面证据也在不断增加。如今，很多精神病学家和心理学家也总结出了相同的观点，不再将“性格特征来自遗传”视为信仰。这是一个存世已久的信仰，或者说是迷信。一旦人们企图逃避责任，就会对人的行为附加上宿命论，“性格特征来自遗传”的理论风生水起。简单地说，这就好像在孩子一出生就确信他善恶已定。这种说辞很容易被证明是胡说八道，不过逃避心理强烈的人会对此视而不见。

与性格中其他表现相同，“善”“恶”只在社会环境下才具有意义，是人们身处社会，与他人合作的某种结果，隐藏着的含义是：人的行为是“有助于他人利益”，还是“有损于他人利益”。在孩子出生之前，社会环境是缺失的，然而一旦出生，便可能向某个方向发展。孩子选择的方向，依赖于他自身从环境中获取的印象与感觉，依赖于他对这些印象与感觉给予的诠释，最重要的是，还会依赖于孩子所接受的教育。

智力的遗传也不例外，虽然正面证据尚不充足。对于孩子的智力发展，最重要的因素莫过于“兴趣”，我们发现兴趣受阻，并不是因为遗传在作怪，而是因为孩子产生了沮丧、气馁和害怕失败等情绪。显然，大脑的现实结构在某种程度上来自遗传，但大脑是心灵的工具，而非缘起。除非脑部的缺陷严重到当今科技也无法克服的程度，否则我们是可以通过训练大脑来弥补智力缺陷的。在非凡的才能背后，并不是非凡的遗传基因，而是不懈努力地对兴趣的培养。

虽然有些家族历经几代不断出现才华横溢的人，但我们也无法断定，这是遗传的作用或影响。我们情愿设定为：家族成员成功地激励了其他人，家族的传统期望也激发了后代传承了先祖的志愿，并努力对自己做出训练。比如伟大的化学家利比格的父亲是一位药店老板，我们无法断定利比格在化学上的才能是因为遗传，但在经过探究后我们发现，利比格的成长环境允许他追逐自我兴趣，在别的孩子还对化学毫无概念的时候，他已经掌握了大量的化学知识。

莫扎特也是一样，他的父母喜欢音乐，但他的杰出才能并非来自遗传。他的父母期望并积极鼓励他喜欢上音乐。在他很小的时候，莫扎特的世界就充满了音乐。从这些成功人士的经历中，往往都能看到某个“早的开端”：在四岁时开始弹钢琴，或者幼年时就开始给家人讲故事。他们的兴趣长久且持续，他们的训练自发且广泛，他们不气馁、不犹豫，也不后退。

如果老师认定孩子的自我设限已顽固不变，那他绝无可能去消除这些限制。如果他对孩子说“你没有学习数学的天赋”，那他自己会觉得更加轻松，但却会让孩子气馁，我自己就有过这样的亲身经历。连续好多年，我都是班级中的数学白痴，认定自己毫无数学天赋，幸运的是，某一天，我意外地解出了一道老师都解不开的题目。这个突然的成功让我对数学的态度发生了改变，而此前我对它已经彻底失去了兴趣。后来，我开始喜欢上数学，并利用它来努力提高自我能力。最后，我成为了全校数学最好的学生。我想，这个经历也让我看到了，天赋或者天生才能的说法实在荒谬。

个性发挥

只要学习过怎样去了解孩子，就很容易对他们的个性和生活方式进行区分。孩子的合作程度可以从他的姿势、视听方式、与他人保持的距离、交友能力以及注意力和专注力等方面得到展现。如果孩子忘记任务或者弄丢了课本，那么他对功课可能不太感兴趣。我们需要找到他厌学的原因。如果孩子不参与其他孩子的游戏，那么他可能内心有孤独感，并只看重自身利益。如果孩子总是要求他人帮忙，那么他可能缺乏独立精神，并有得到他人支持的需求。

有些孩子只在受到赞美和欣赏时才会动手做事。很多受宠的孩子一得到老师的关注，功课就会很好。然而，如果他们失去了被照顾的地位，问题就会接踵而至。没有听众让他们无法继续工作，没有观众让他们觉得索然无趣。数学这门科目常常会给这样的孩子们带来很大的困扰，让他们记住某些规律或公式，他们或许会记得很好，但一旦让他们去运用去解决某个问题，他们便茫然了。

这些态度看起来微不足道，但正是那些总想着得到支持和关注的人，常会给他人的幸福制造出大危机。如果不去改变这类态度，他会一辈子都在向他人索求支援，一旦遇到问题，他的反应会是盘算如何强迫他人替他解决问题。他的一生不会为他人利益做出丝毫贡献，只会成为别人的负担。

渴望成为焦点的孩子，若是处境让他感到不满，他就会做鬼脸、扰乱秩序，打扰其他孩子，让所有人都讨厌他，以此来博取关注。责骂和惩罚对他都无济于事，因为他以此为乐，情愿受罚，也不接受被忽视。对他而言，所有恶劣的行为所带来的不快后果，都是为了换取关注所理应付出的代价。很多孩子只是把惩罚看作挑战，认为这是一场“看谁坚持最久”的比赛或游戏，当然总是他们“获胜”，因为结果早已在他们心中。所以我们常常看到，和父母老师对抗的孩子，在接受惩罚时，不但不哭，反而会笑。

如果孩子很懒惰，除非他是在利用懒惰向父母或老师表示直接反抗，否则他就是个害怕失败却又充满野心的孩子。对于成功的理解，仁者见仁智者见智，我们都会很淡然，可当我们探索孩子认为什么是失败时，总会得到令人吃惊的答案。很多人在无法超越他人时，会认为自己失败，在他们很成功但却被别人超越时，还是会认为自己失败。懒惰的孩子从未尝到过真正失败的滋味，因为他们从未面对真正的考验。他们躲避问题，不与人相较相争。周围人都认定，如果他们不是如此懒惰的话，一定能克服困难取得成功。他们总是躲在快乐的白日梦里："要是我愿意的话，什么事都难不倒我。"一遇到失败，他们就将失败大事化了小事化无，认为："我只是懒而已，并不是没有能力。"用这样的自欺维护了自尊。

有时候老师会对懒惰的学生说："你要是努力一些的话，就会是班里最聪明的学生。"显然，他什么都没有做便得到了这样的"虚名"，那他为什么还要"冒险"努力学习呢？或许当他不再懒惰，周围人就不会再觉得他才华未显了。人们将会用实际成就来对他做出评价，而不再像从前一样，使用可能的成就。这便是懒惰的孩子具备的另一个自认为的优势：他只是做了一点点事便收获了赞许，所有人都认为他已经开始着手改变自己，都积极鼓励他继续前进。然而同样的事情，如果交给勤奋的孩子来做，可能不会有人去关注。这样一来，懒惰的孩子便过上了"被人期望"的生活，显然他被溺爱了，可能从婴儿时期他就已经学会，怎样通过"别人的努力"来获得自己想要的一切。

还有一种孩子也总是很容易被并辨别出来，他们爱在同龄孩子中起带头作用。领袖的确为人们所需，但仅限于能为公众造福的那一类，却比较鲜见。大部分期望做带头人的孩子，只是对能够操控他人的处境发生了兴趣，也只有在此种状态下他才会与伙伴们一起玩。所以，这些孩子的将来未必是光明的，在未来的生活里，必然会出现各种困境。同属这种状态的两个人，在婚姻、职场或社交中相遇时，最终不是悲剧也会是闹剧。两个人都在极力寻找机会来控制另一个人，创建自身优越地位。在家庭里，有时候长辈们看到被溺爱的孩子对自己颐指气使，不以为忧反以为乐，甚至还会继续怂恿孩子。然而在教师眼里，这样的性格发展方式并不利于孩子将来走上社会，过上有益的生活。

当然，每个孩子都不一样，我们的目标绝对不是要把孩子们培养成同一种人，同一个模子。我们只是希望让那些显然会导致挫败和困难的习惯不再发展下去，而修正和防止这样的发展，在童年时期相对容易一些。若是这些习惯没有得到修正，那么在孩子成年后的社会生活中便会引发严重后果，甚至对其造成伤害。童年时期的错误与成年后的失败之间，有着直接联系。没有学会与人合作的孩子，通常在将来会是神经症患者、酗酒者、罪犯甚至自杀之人。

孩子的焦虑性神经症是因为受到了黑暗、陌生人或陌生环境的惊吓。忧郁症患者以前都是爱哭的小孩。在当下，我们无法寄希望于去到每对父母身旁帮助其避免错误，实际上往往最需要得到帮助的父母，反而从不寻求帮助。尽管如此，我们还是希望与老师接触，通过他们去引导孩子，尽力帮助孩子修正已有的错误，培养孩子独立、勇敢、乐于合作的生活习惯。这便是给未来人类幸福做出的最大保证。

对教育的观察

就算是在人数众多的班级中，我们也可以看到孩子们之间的差别。如果对他们的性格有所了解，而非一无所知，那就可以对他们进行引导。不过，在大班里，有些孩子的问题很隐秘，很难对其做出适当的处理，这一点很不利。一位老师应该对其全部的学生都很了解，否则他就没有办法让孩子对自己产生兴趣，并与他合作。我觉得，让孩子和同一位老师多相处几年，这种做法对孩子会极有帮助。在某些学校，老师总是半年轮换，这让老师和孩子没有足够的机会深入相处，无法让老师发现孩子的问题，并关注其发展。如果老师和孩子在一起相处三四年，他就更容易发现孩子生活方式中的错误，并帮助其纠正，这个班级也更容易发展成为相互合作的优秀集体。

让孩子跳级的做法，通常没有什么好处，反倒让孩子承受了某种难以企及的奢望。假如某个孩子在班里比其他同学大很多，或者发展快速很多，或许可以考虑让他到高一些的年级中就读，不过假如我们把班级看作一个整体，若是有某个学生很成功，那么对其他孩子就会产生有益的影响。当班级中拥有出类拔萃的学生时，整个班级都会很快进步，提高很多。消除掉这种榜样的力量，对其他同学来说是不公平的。我更倾向于，让聪慧的学生在正常的功课之外参加其他各种活动，培养其他兴趣，比如绘画等。他在其他活动中的优异表现，也会帮助其他孩子扩大兴趣，促进大家共同大幅进步。

让孩子留级的做法就更不可取了。每一位老师都会下意识地认为，留级的孩子在学校也好，在家也罢，往往都是个“问题”，尽管事实并不一定是这样。有一部分留级生还是很乖巧的，虽然总体上看绝大多数留级生会一直落后，还老是惹是生非。同学们对他们的印象不好，他们对自身的能力也悲观相待。这个问题很棘手。在当下的学校构架下，很难避免一部分孩子的留级。有些老师会在节假日的时候，专门训练这些孩子，让他们意识到自己错误的生活方式，尽力能让一些落后生不至于留级。在意识到错误后，这些孩子便又能安稳地度过一个学期。我们或许只能采取这样的方式来帮助落后的学生，让他们知道对自我能力的估计是有误的，以便让他们甩掉抱负，通过自身努力继续发展。

我之前曾遇到过，有的学校把聪明的学生和愚笨的学生分在不同的班级，这样一来我也看到了某种格外突出的现象。需要再次声明，我的经验主要来自于欧洲，并不了解美国的情况。我发现，在慢班里全是智力迟缓和出身清贫的孩子，而在快班里大部分都是家境优越的孩子。这种现象不难解释，家境贫寒的孩子尚未做好充分的上学准备，他们的父母困难重重，并没有很多时间可以用来教导孩子，也可能自身的教育水平就不高，对孩子的教育无能为力。

尽管如此，这样的孩子也不应该被划分到慢班里。有经验的老师应该深知怎样去弥补这些孩子准备的不足，并且通过与他们相处，让他们备受裨益。若是把这些孩子划分到慢班，他们会觉得自己低人一等，快班的孩子也会有所认知，会瞧不起他们。这样一来，沮丧、气馁和对优越地位不恰当的追求便产生了。

总的来说，男女同校是值得提倡的做法。不论对男孩还是女孩，这都是相互了解的绝好机会，双方都能学会怎样与异性合作。不过，若是认为男女同校能解决所有问题，那就太任性了。男女同校会产生一些特殊问题，除非能得到正视并合理处理，否则在这样的学校中，性别疏远的情况会比单一性别学校更甚。比如说我们需要正视：在十六岁之前，女孩的发展比男孩快。如果男孩们不懂不了解，便很难守护自尊。当他们看到自己被女孩超越，便会灰心气馁。此后，他们会对失败念念不忘，变得害怕与女性竞争。对于支持男女同校并深知其问题所在的老师而言，能够取得很好的教育效果并从中获得很强的成就感，但若是不完全支持，或是并无兴趣，那么一定会失败。此外，我们还需要面对的是：除非孩子受到了良好的培养和管理，否则在性的方面一定会出现问题。

学校的性教育是个很复杂的话题。教室并不适合用来进行性知识的传递，如果有老师这么做，他一定无法了解是否每个孩子都正确理解了他的话。也就是说，他可能激发了孩子们的兴趣，却不了解孩子们是否已做好准备，不知道他们会怎样调节这样的兴趣以适应个人生活方式。当然，若是有孩子想了解多一些，或许会私下向他请教，此时老师应该坦诚相待，客观讲述，如此这般，他便又获得了一个机会，来判断某个孩子的真实需求，并帮助其获得正确答案。不过，在班级上持续地谈论“性”显然是很不好的，有些孩子会产生误解，把性视为稀松平常之事，这并不合适。

顾问会议

为了能与老师接触和建立学校的顾问服务，大概在十五年前，我开始在个体心理学的基础上发起顾问会议，这项工作的价值在维也纳和很多欧洲城市中得到了证实。拥有崇高的理想和远大的抱负本身没有错，但如果找不到实践方法，便毫无用处。通过十五年来的经验积累，我认为顾问会议的方法是成功的，并给我们提供了最好的工具来帮助孩子解决各种问题，以及把孩子培养成有责任感的公民。当然，我相信顾问会议基于个体心理学从而增加了其成功的概率，但也没有理由阻断与其他心理学学派的合作，其实我一贯主张，顾问会议应该和其他心理学学派建立联系，应该和各种研究结果进行参照和对比。

在建立顾问会议的过程中，有一位资深的心理学家擅长解决教师、父母和孩子之间的各种问题。他和某个学校的老师们一起探讨教育工作中发现的问题。在拜访这间学校时，有老师向他谈及某个孩子的情况：这个孩子很懒惰，爱吵闹、逃学、偷窃，还总是落下功课。这位心理学家根据自身经验，和大家展开了讨论，其中涉及孩子的家庭生活环境与个性发展，以及他这些问题最初出现时的情境。大家探讨了可能存在的起因以及应该作何处理。因为他们都拥有丰富的经验，因此很快便找到了一个解决的办法。

心理学家到访的当天，孩子们和他们的父母也得到校等候。心理学家和老师们一起商定和父母交谈的最好方式，怎样对他们施加影响，找到孩子的失败源头之后就把他们叫进来。父母能够提供更详尽的信息，然后与心理学家一同讨论。其间，心理学家会给出帮助孩子的建议。一般来说，父母们会很乐意拥有这样一次咨询的机会，也很配合，但不排除有人会抵制。心理学家和老师们可以探讨一下这样的状况，从中获取有利于改变孩子处境的方法，然后把孩子叫进来，与之交谈，但并非谈他们的错误，而是问题。对于上面谈到的那个孩子，心理学家需要找到阻碍他正常发展的观点和判断以及他所忽视的本应该重视的观念等等。心理学家不会指责孩子，而是要与他友好地交流,以了解孩子自身的想法。如果心理学家打算提及某种错误，需要借助假设的方式，征求孩子的意见。对这项工作毫无经验的人们一旦看到孩子做出了正确的理解和态度的转变时，往往会感到惊奇。

我所培训过的老师对这项工作都异常感兴趣，并且爱不忍释。这让他们感到一切工作相关的事务都变得有趣，而他们的努力也会取得成功。没有谁认为这是种额外的负担，因为通常他们用半小时左右的时间就能解决一个令人困扰多年的问题。全校层面的合作被加强，经过不长的时期，大问题逐渐消失，只剩下小问题需要处理，而老师也成了心理学家。他们学会如何理解个性的统一性以及各方面表现的一贯性。在日常教学中突发的一些问题，他们自己就可以迎刃而解。这和我们所希望的一样：老师接受了心理学的训练，心理学家成为了“多余”之人。

譬如，若是班上有个非常懒惰的孩子，老师便会在班上提议进行一次关于懒惰的讨论。一开始，他抛出问题：“懒惰从何而来？”“为什么有的人会很懒？”“懒惰的毛病怎么改不了？”“有哪些方面必须要改掉？”孩子们会进行讨论并得出结论。此时，懒孩子并未察觉自己就是这场讨论的对象，即便讨论的是他自身存在的问题，他也会表现出兴趣，并从中收获多多。对这样的孩子，如果只是攻击，他势必毫无收获，但如果让他参与一场有趣的讨论，他便会认真思考，或许会修正自己的观点。

谁都无法像老师那样了解孩子的心灵。他与孩们一起合作，一起玩耍。他见过许多这样那样的孩子，若是技巧丰富，便能和每个孩子都建立起很好的关系。孩子们的早期错误是被继续放任，还是得到修正，完全取决于老师。就像母亲一样，老师是人类未来的守护者，为人类的未来做出了无法估量的贡献。

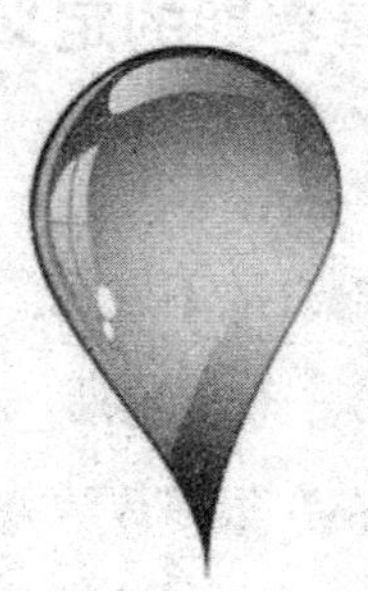

第八章　青春期

青春期的定义

有关青春期的书可以说数不胜数。在提及这个话题时，几乎全部的论调都将之看成一个危险期，“威胁”着一个人全部性格的发展。青春期的确存在很多风险，但这些风险其实无法改变人的性格。青春期让成长中的孩子们不得不面对新的环境和考验，让他们感觉自己正在接近生活前沿。在孩子们的生活方式里，从前没有被人们察觉的错误逐渐显露出端倪，但事实上，有经验的人应该早已洞察到。伴随着青春期的到来，这些错误的危险性已经很大，不容忽视。

心理特征

几乎对于所有年轻人来说，青春期最重要的一件事莫过于，必须努力证明自己已经长大。我们可以把这件事看作是水到渠成的，以此削减很多青春期处境中的压力。若是非要证明一下，个人的特质难免会被过分强化。

青春期行为大多表现为想要展示出自己的独立性，有男人味或女人味，并且要求与成年人平起平坐等，所选取的方向根据个体对“长大”所赋予的意义。如果某个孩子认为“长大”意味着随心所欲，那么他会对一切约束发起抗争。青春期的孩子这么做非常常见。很多青少年在这个阶段，开始抽烟、说脏话、夜不归宿。有的会忽然间开始对抗父母，而父母们发现原来很听话的孩子突然叛逆起来，会感到茫然无措。然而事实上，这类孩子的态度从来就没改变过，原来的听话也是一种反抗，而到了青春期，当他们有了更大的能量和自由意识时，便将反抗公之于众。譬如说，有这样一个男孩，从小到大都忍受着父亲的打压，他看起来很安静很听话，但实际上他在等待机会“复仇”。当他认为自己已经足够强大时，便故意挑衅，和父亲打了一架。他在痛打了父亲一顿后，离家出走。

孩子在青春期期间，一般都有了更大的自由和独立意识。父母老是觉得自己有权力管束他们，但越是这样，孩子们为了挣脱控制而做出的反抗就会越有力。父母越是想把他们看作小孩，他们越是会竭尽全力证明，并非如此。从一系列的争斗中，反叛的心态便产生了。

生理特征

青春期没有严格意义上的界限，一般来说，是从十四岁到二十岁左右，但也有在十岁、十一岁左右进入青春期的情况。

在这个时期，所有的身体器官都在快速发展，这让一部分孩子的协调性出现问题。当孩子们长得更高、四肢更粗壮时，身体的灵活性可能会不比从前。他们需要借助运动来加强身体协调性，不过需要注意的是，在这个过程中，如果受到嘲讽或批评，他们会逐渐认为自己本来就很笨，于是就真的变得笨拙起来了。

在青春期里，内分泌腺体对孩子们的发育影响颇大。各种腺体的功能增强，并没有完全的改变——从婴儿阶段开始内分泌就一直很活跃——只不过在青春期，分泌物更多，于是第二性征开始变得明显。男孩们长出胡子，声音变粗；女孩们身体圆润起来，女性气质迸发而出——这些是被很多青少年误解的常理。

对成人生活的挑战

有时候，没有对成人生活做出充分准备的孩子们，在面对成家立业、友情、爱情等迫切问题时会感到不知所措。对于如何解决此类问题，他们会看不到任何希望。他们在和他人相处时羞怯谨慎，宁愿一个人蹲在家里；在职场上找不到能吸引自己的事情，认为做什么都会失败；在婚姻爱情中，一旦和异性相处就会忐忑不安，甚至害怕相见。这样的人一和别人谈话，便会面红耳赤，无言以对。他们日益感到绝望。

这类人会出现一些极端的情况——完全无法解决生活难题，对他人紧闭心门。他们不与人正视，不与人交谈，不听他人言论；他们不工作也不学习，躲进某个虚幻世界，只会做某些不堪的与性有关的活动。这是早发性痴呆症的征兆，是发生在青春期的精神课衰退。如果可以对这样的孩子予以鼓励，向他们证明其误入了歧途，并为他们指出一个更好的方向，便能治好他们的毛病。但这很难，这意味着他们的全部生活经验都必须得到修正。他们必须用更加客观科学的方式来看到过去、现在和未来的意义，而非自身的逻辑。

青春期的各种危险之所以会存在，是因为孩子没有学会如何面对生活中的三大束缚。若是孩子对未来充满恐惧和悲观情绪，他们便会想办法用毫不费力的方式来对待。可是这些毫不费力的方式却毫无效用。我们越是命令、勉强和批评这样的孩子，他们就越会感到自己站在了悬崖边上；越是推着他们前行，他们就越是极力后退。如果不能积极鼓励他们，那么他们的一切努力就是错上加错，只会被伤得更深。如果他们异常悲观怯懦，我们也没办法指望他们可以付出更多，努力更多。

青春期的挑战

被溺爱的孩子

很多在青春期中遭遇失败的人，实际上在童年时期就被溺爱了。很显然，那些习惯了躲在父母羽翼下的孩子们，会感受到愈发紧迫的成人责任感所带来的特殊压力。他们依旧想活在宠溺里，但在逐渐成长的过程中，却发现自己不再是关注的焦点，于是感到深受生活的欺骗，失望之极。他们的成长包裹在某种人造的温暖气氛当中，却忘记了外面的世界有着刺骨寒意。

不想长大

在青春期，有部分青少年会表达出不想长大的希望。他们故意用娃娃腔说话，和比自己小的孩子们玩耍，似乎是想证明自己童心永驻。当然，绝大多数青少年都会刻意选择用成年人的方式行为处事，不是说他们勇敢，他们只是在模仿而已，比如男孩们会模仿成年男子的手势，喜欢“豪迈”地花钱，开始和人“调情”，甚至谈一场恋爱。

轻微犯罪

有些青春期的问题会更加棘手。一部分孩子不懂得应该怎样合理解决生活的问题，总是在外面瞎混，而且很亢奋，逐渐走上犯罪的道路。当他们犯下错却没有被人发现时，他们就会觉得自己聪明绝顶，能躲过一次就能躲过两次，于是错误便会一而再再而三地出现。犯罪，是对生活难题的某种逃避，是罪犯眼中的捷径，尤其是在谋杀问题上有所体现。因此，从十四岁到二十岁这段时期，青少年犯罪的几率会猛增。不过还是和之前的问题一样，其实他并没有真正面对一直以来的成长危机，而是在青春期更大的压力之下，孩子生活方式中那些早就存在的错误，终究还是原形毕露了。

神经症

对于那些不太活泼，有些内向的孩子们来说，患上神经症便成为他们最简单的逃避生活问题的方式。很多孩子们会从青春期开始发生功能性失调或患上神经性疾病。任何神经症症状都被他们拿来充当某种正当理由，以抗拒处理生活难题，并保障自身优越感不被降低。当个体尚未准备好以社会方式来面对社会问题时，神经症症状就会表现出来，并制造出高度的紧张感。在青春期里，青少年的生理构造对这些压力很是敏感，全部器官都会受到刺激，神经系统也不例外，这就又为他们犹豫不决和失败提供了借口，从而不论是私下里还是公开对外，他们都开始觉得自己可以不用承担任何责任，因为自己有病在身，于是神经症正式出场了。

所有的神经症患者都声称自己的初衷并不坏，很清楚自身须要具有社会感，须要面对生活难题。然而只要一落到自己身上，就会选择逃避——借口就是神经症。他们的一切态度都在表达："我急迫地想要解决全部问题，但是很不幸，我心有余而力不足。"在这个层面上，他们和罪犯是不同的。罪犯总是对自己的恶意"开诚布公"，社会感也受到抑制，隐藏得很深。我们很难判定，哪一类人对社会的危害性更大，尽管神经症患者动机不坏，但他们的行为却是自私的，恶意的，并对他人的合作产生了阻碍；罪犯则带有明显的敌意，并拼命想要压制内心仅存的社会感。

人生的翻转

在这个阶段，我们发现早已成形的某些倾向发生了明显的翻转。那些期望值很高的孩子们，学习和工作开始遭遇失败，而一些过往被认为普普通通的孩子们开始取而代之，展现出令人意外的才能。其实这和从前并不矛盾。一个被认为前途极其光明的孩子，很可能十分害怕自己会辜负这份期望，只有在支持和赞许之下才会进步，若是让他独自奋斗，他会变得毫无勇气，甚至退缩。而另一部分孩子则可能会深受新时期自由的鼓励，清晰地看见实现梦想的方向。他们的脑海里萌生出各种新想法和新规划，创造力被大大激发，对生活各个方面的兴趣都更加高涨和鲜明。这些孩子们勇敢果断，对他们来说，自立自强并不意味着会遭遇困难和失败的危险，而是象征着成功和奉献的途径。

寻求表扬与赞同

那些在过去深感受到忽视和冷落的孩子们，假如能在青春期与他人建构起更好的关系，或许就会开始萌生积极的愿望，希望自己最终能获得他人的欣赏。很多人都会对“欣赏”表现出忘我的追逐。男孩子们过于看重对欣赏的寻求，这是很危险的事，然而很多女孩子却自信缺失，总是把他人的赞许和欣赏看作证明自身价值的唯一方式。这些女孩子轻易地就成了那些深谙吹捧之道的男人的囊中之物。我见过很多这样的女孩，她们认为自己在家不被欣赏，就开始在外面和人发生关系，这不只是想要证明自己已经长大，更是被虚荣心打败，认为这样就能获得欣赏，成为焦点。

有一个出身贫寒的十五岁女孩，她哥哥从她小时候开始就总是生病，母亲不得不对男孩特别关注，却忽视了对女孩的充分照顾。在女孩童年初期，父亲也有病在身，这更让母亲无暇顾及女孩。

这就造成，这个女孩很早就理解并十分关注“被人关爱”的意义。她一直想要被人关爱，但在家里却无法实现。后来，她又有了一个妹妹，此时父亲的病虽然好了，但母亲却又把所有时间都花在了对妹妹的照料上。这样一来，女孩认定自己是家中唯一一个得不到关爱的人。然而，她一直坚持着，不论是在家还是在学校都表现优异，因此，大家都认为她应该继续学习，于是把她送进一所高中。高中老师对她很陌生，最初，她对新学校的授课方式也不太理解。她的成绩下滑了，被老师批评后逐渐灰心丧气。她急需快速地得到他人赏识，但是在家和在学校都不可能，那到哪里才会有可能找得到呢?

她决定找到一个能欣赏自己的男人。几次经历后，她离家半个月，和一个男人同居。家人们都非常担心她，想尽办法去找她。女孩很快就意识到自己依旧无法获得欣赏，开始后悔，她想到了自杀，并给家里留了一张纸条:“不要担心我，我服毒了，我很开心。”其实她并没有吃下毒药，至于为什么，我们都懂。她深知父母还是很在意自己的,她认为自己还能博取到同情，所以没有自杀，而是等待母亲来找自己，把自己带回家。如果这个女孩能明白，她所做的一切只是为了获得欣赏而已，那么后面这些事情就不会发生了。如果高中老师们对她有所了解，同样可以避免坏事情的发生。这个女孩在以前的学校一直备受好评，但如果老师留意到她对“欣赏”的异常敏感，对其多加引导和照顾，她也不会轻易地丧失信心了。

还有个实例，也是个女孩，有一对性格软弱的父母。一直以来，母亲都很想要一个儿子，在生下女孩后她感到很失望。显然，她低估了女性的作用，并把这种想法传递了出来。女孩好几次听到母亲对父亲说:“女儿一点都不可爱，长大之后没有人会喜欢她的”，“她长大之后，我们该拿她怎么办”。女孩在如此不愉快的家庭氛围中生长了十年，忽然某天她看到母亲友人的来信，安慰母亲说，她还年轻，还可以再生个男孩。

对于女孩的感受，我们无须多言。数个月后，她去乡下探望一位叔叔，期间碰见一个智力低下的男孩，并成了男孩的情人。后来男孩离她而去，她依旧不改“作风”，在我为她看病之前，她的情人已经数不过来。尽管如此，没有哪一段关系能让她认为自己获得了欣赏。她来我这里问诊时因为焦虑性神经症，她无法独自出门。她对之前获取欣赏的方式不甚满意，于是换了另一种。她开始利用自己的病痛“要挟”全家人，想要做任何事都必须得到她的许可，否则她就哭闹，扬言自杀。不得不说，想要让这个女孩明白自身处境，的确是件很难的事。

青春期性心理

青春期的男孩女孩都会倾向于关注甚至夸大两性关系，以证明自己长大成人。比如，一个总认为自己受到束缚的女孩，为了反抗母亲，便不断和所有遇到的男性发生关系。她对是否会被母亲发现毫不在意，实际上，如果能让母亲焦虑，她反而更加开心。再比如，一个女孩在与母亲吵翻之后，和父亲也大吵了一架，然后离家出走，与遇到的第一个男性发生了关系。这些事情都不算少见。人们平日里认为她们都是富有教养的好女孩，怎知道她们会做出这样的事。然而，这些女孩并不是真的有罪，而是尚未做好对成人生活的准备，她们认为自己被忽视，感到自卑，并认定这么做是她们获取优越地位的唯一办法。

男性崇拜

很多备受宠爱的女孩们，感到很难调整好自己，以适应女性角色。长期以来，我们的文化给社会贴着一个标签：男性优于女性。于是，这部分女孩就不想当女性了，而是表现出“男性崇拜”，并通过各种各样的行为去表达。有时候，她们会对男性表现出厌恶和回避，有时候，她们又会对男性表现出喜爱，但一和男性相处，她们就会忐忑、失语。她们不愿意参加有男性参与的聚会，并始终对“性”深感拘束。随着年龄的增加，她们会宣称自己渴望婚姻，但行动上却与异性隔离，不与其交友。

在青春期里，这类女孩对女性角色的厌恶有时候会表现得很激烈。她们会表现得比从前还要更男孩子气，拼命去模仿男孩，尤其是他们的诸多劣迹：抽烟、酗酒、骂人、拉帮结伙，甚至肆意追逐性关系的自由。她们总是会自我辩解说，如果不这样做，自己就不会被男孩喜欢。

这种对女性角色的厌恶持续发展下去，就会造成我们所看到的女性同性恋、性欲倒错和手淫等现象。几乎所有的妓女，从童年初期开始就认定自己不受人喜欢，认为自己生而卑劣，永远都不可能获得任何男性的兴趣和情感。我们能够理解，她们在这样的处境中多么想放弃自己、看轻自己的性别角色，从而把“女性角色”视为赚钱的工具。当然，对女性角色的厌恶并不是从青春期开始的，在她们年幼的时候就已开始反感做女人，尽管那时她们并没有表达也没有机会表达出这样的情绪。

“男性抗争”并不只存在于女孩中，过分强化男子气概的孩子们都会以此为目标，并对自己是否足够强壮，是否足够“男子汉”产生质疑。我们的文化中对男性化的过度强调，同样也会对男孩造成困扰，特别是在他们对自身性别角色尚不十分肯定的阶段。很多男孩已经好几岁大，却还稀里糊涂地以为，自身性别会在某个时候改变。所以有一点不容忽视，从孩子两岁开始，我们就应该让他们明确地知道，自己是男孩还是女孩。

男生女相的情况通常会让孩子们经历一段相当困难的时期。有时候，他们的性别会被陌生人搞错，而家人的朋友也会说：“你应该做个女孩。”这些孩子或许会将外表视为自身能力有限的表现，并认为爱情与婚姻是对自己极为残酷的考验。那些认为自己无法胜任自身性别角色，信心缺失的男孩，在青春期时会出现模仿女生的倾向。他们说话会娘娘腔，会像被溺爱的“公主”似的故作风情、追逐虚荣以及发小脾气。

自我成长

人们在四五岁的时候，对于异性的态度就已经打下了基础。性的驱动力在出生几周的婴儿身上就已有表现，当然，只要这种驱动力能适当地发泄出来，我们就无须去激发它。没有受到刺激的性驱力会很自然地表现出来，并不会造成什么不良结果。比如我们发现一个一岁大的孩子会观察自己的身体，可能还会触摸身体，这并不是一件值得担忧的事情。不过，我们须要与这个孩子合作，对他产生影响，让他不要对自己的身体过度关注，要兴趣投向外部世界。

假如这种为了满足自我的行为得不到抑制，那情况就不一样了。此时我们能够断定，这个孩子“别有用心”。他的行为并不是受性驱力的影响，而是在利用它实现自身目标。通常情况下，孩子的目标是引起关注。他们可以感知到父母的担心忧虑，他们也知道怎样利用这些情绪。当然，当他们的某种习惯无法成功博取到关注时，他们便会选择放弃。

对孩子的触摸须要十分谨慎。只要不会刺激起孩子的生理反应，父母与孩子之间是完全可以亲密地拥抱和亲吻的。曾经有些孩子（还有成年人的早期记忆）告诉过我，他们在父亲书房里看到情色图书，或者限制级影片，被激发起来的感觉。孩子们需要受到保护，不应该接触到这类图书和影片。只有不去刺激他们性的欲望，才能防止性的问题。

还有一种刺激方式，我之前有所提及——无端地坚持教授孩子们某些不合时宜不恰当的性知识。很多成年人貌似对性教育异常热心，生怕会有孩子长大成人后对“性”浅薄无知。回顾自身或者看看周围人的成长经历，我们实在看不到他们所谓的灾难。最好的方式是等待孩子产生好奇，想了解某些事物时再予以解答。如果做父母的足够细心，那么就算孩子还没提出问题，他们也会洞察到他的好奇。如果孩子和父母关系很好，他便会提问，而父母给出的答案应该是孩子有能力去理解和消化的。

在孩子面前，父母最好不要表现得过分亲密。如果有条件，孩子不应该和父母睡在一个房间，更不应该睡在同一张床上。当然，女孩也不应该和兄弟同睡一屋。父母应该时刻留意孩子们的发育情况，不要自欺欺人，始终把他们看作小孩。如果对孩子们的性格和身体发育不了解，父母就无从知晓孩子们受到了何种影响。

期待青春期

通常情况下，人们成长发展的每一个阶段都会被赋予上某个被夸大的个人意义，并被误认为是决定性的转折点。譬如，几乎所有人都认为，青春期是一段特殊时期，更年期也一样。其实，这些阶段并不会带来多么强烈的改变，只是生命的延续罢了，它们所表现出的各种特性也不会起到多么至关重要的作用。事实上，关键在于，一个人希望在这个阶段中发现什么，赋予这个阶段怎样的意义以及要如何去面对。

在青春期之初，孩子们常常会感到惊恐，像是见鬼了一样。这样的反应是正常的，我们应该懂得，其实孩子们对青春期生理方面的变化一点都不担心，只不过此时社会环境要求他们对生活方式做出调整。而问题往往是，他们认为青春期象征着结束，令一切自身价值和尊严都消失殆尽，再也无权与人合作，做出贡献，也没有人再需要自己了。青春期的全部困难，都来自于这样的感受与担忧。

如果孩子已经学会把自己看作社会中平等的一份子，懂得自身应该为社会做出贡献，特别是学会了视异性为同伴和平等之人，那么青春期只是给他提供了一个机会，好让他开始尝试富有创意且独立自主的方式，去解决各种成人生活的难题。若是他感到己不如人，对自身处境产生错误认识，便意味着他尚未准备好去面对青春期的自由。当被人推动时，他可以完成应做之事，但当他被要求独立面对时，便会踟蹰不前最终失败。这样的孩子受人摆布时具有良好的适应能力，但独立自主却让他们不知所措。

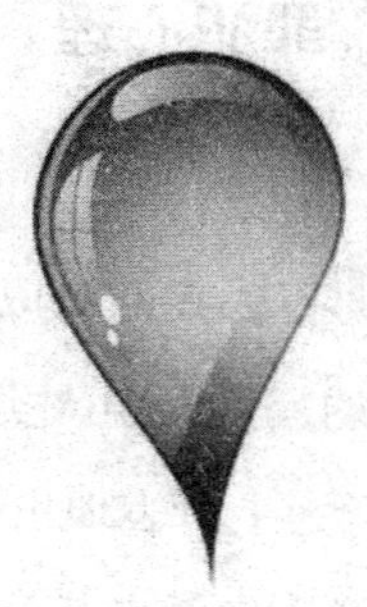

第九章　犯罪，及防患于未然

罪犯心理

在个体心理学的帮助下，我们可以认清各种类型的人，并深知：尽管有这样那样的差别，但人类彼此之间的差异并不十分明显。比如，在犯罪行为上所表现出来的失败，与问题儿童、神经症患者、精神病患者、自杀者、酗酒者以及性欲倒错者都属于同种类型，都是在解决生活难题时遭遇失败，并在一些要求严谨的方面反复犯下同样的错误，他们不知道什么叫责任，也从考虑他人感受。尽管如此，在心理学研究领域，我们不应该将他们与大众区别对待。没有哪个人能成为百分百乐于合作，或百分百拥有社会感的完美典范，所以罪犯和普通人的差别，只是在于两者的失败程度不同罢了。

人类对优越地位的追求

这一点对于了解犯罪者极其重要，虽然在这个层面上，犯罪之人和其他人都一样，都是想克服困难，努力达成某个目标，而达成这个目标将会有助于个体感受到自身的强大、优越以及完美。这种倾向便是所谓的对于安全感的追求，也有人称之为自我保全的行为，完全没有错。不论作何称谓，在每个人的身上都能发现它的影子，并且是贯穿人一生的主旋律——努力奋进希望从低贱爬升至优越，从失败到成功，从下至上——从童年初期开始，一直持续到生命的最后一刻。在这个小小的星球上生存下去，努力越过重重阻碍，克服重重困难，这就是生命。所以，当我们在犯罪者身上看到这种生存哲学时，不用感到不可思议。

犯罪者的一切行为和观点，都在表达着他们拼命想要实现优越地位，克服各种困难，解决各种问题。他们与别人不同的并不是努力本身，而是努力的方向。他们没能正确理解社会生活做出的要求，因而选择了错误的方向，对他人毫无兴趣。如果我们意识到这个层面的问题，就不会对他们的行为感到难以理解。

环境、遗传和变化

这是特别值得强调的方面，因为有一部分人对此并不认同，他们总认为罪犯异于常人。有的科学家宣称，所有罪犯都智力低下，反应迟钝；有的人把遗传基因搬了出来，认为罪犯生而邪恶，犯罪不可避免；还有的人认定“一旦犯罪，终生犯罪”。我们已经拥有很多的证据可以反驳这些观念，更重要的是，假如接受了这些观念，犯罪这个难题便真的无药可救了。我们期望能够赶紧结束这场人类灾难，因为历史时刻提醒着我们，犯罪往往是灾难性的。我们绝不会止步于“这都是遗传,无法解决”的说辞，我们迫切地希望能有所作为。

遗传也好，环境也罢，都不会强加于人。在同样的环境，甚至同样的家庭中生活的孩子，其发展路径会截然不同。有的罪犯家庭往往清白，而在不断有人被送进监狱或劳教所的那些污点家庭中也会出现品行优秀的孩子。此外，还有的罪犯会洗心革面，这让犯罪心理学家颇感迷惑，怎么会有强盗都快六十岁了，却忽然金盆洗手，重头做起好公民。如果犯罪倾向是天生的，或是遭受童年时期环境影响导致的必然趋势，那么这些情况就很难做出解释。然而，当我们运用个体心理学的观点去分析，这样的改变便可以被理解。可能是他的处境变好了；可能是他所承受的压力变小了；可能是他的错误生活方式不再“现身”了；可能是他通过此前的犯罪已经满足了个人欲求，不再视犯罪为生活目标了；可能是他老了，胖了，关节硬了，不再像从前那样身手敏捷，再也无法适应犯罪这个“职业”了——总之，他已经没法做强盗了。

童年的影响

对罪犯进行改造的唯一办法就是，找出在他童年里发生的那件“错事”，看看到底是什么阻碍了他学会与人合作。个体心理学为这个幽暗的领域带来了一丝光明，让我们能够做出更深入的探索。当孩子生长到五岁，心灵已统一成整体，个性已凸显。

遗传和环境因素对孩子的成长会有所影响，但我们关注的不是孩子为世界带来了什么，也不是他们经历了什么，而是他们会如何运用这些经历达成个人目标以及做出何种阐释。对这些方面的研究非常重要，因为我们实际上对遗传的能量与缺陷之间的对应关系心中无数，所考虑的也只是个体的处境、潜能以及运用潜能的程度。

罪犯通常都有一定的合作能力——为罪行做出了掩饰——但尚未达到与他人合作并在现实社交中获取机会的要求。在这个方面，主要责任人是父母，尤其是母亲。母亲必须要懂得，怎样帮助孩子扩展兴趣范畴，怎样将孩子的兴趣从自己身上延伸到他人身上。母亲所做的，应该是让孩子对全人类产生兴趣，对未来生活产生兴趣。然而事实上，或许有的母亲并不希望孩子关注他人——可能母亲的婚姻不甚美满，夫妻关系不甚和睦，彼此妒忌，甚至考虑离婚——于是只想让孩子独属于自己一个人。母亲娇惯孩子，孩子便没有一点点独立的机会。无疑，在这种环境中生长的孩子，在与人合作方面的发展极其有限。

对其他孩子的兴趣程度直接关系到社会兴趣的发展，是异常重要的一个方面。有时候，当某个孩子备受母亲宠溺时，其他孩子便不会对他友善相待，不允许他走进他们的小圈子。这样的处境如果被曲解，是很有可能成为犯罪经历起点的。若家中某个孩子能力突出，那另一个孩子通常就会有问题。当次子待人友善，风采照人时，那长子通常会感到被剥夺了爱和关怀，从而很容易陷入自我欺骗，总认为自己被忽视。他会想办法证明自己是对的，于是行径愈发恶劣，令人对他也愈发刻薄，这样一来，他更加确信：别人都反对自己，把自己推到一边。因为感受到了被剥夺感，他开始偷窃，被发现后遭受了惩罚，反而进一步“验证”了他的想法：谁都不喜欢自己，都反对自己。

假如父母时常在孩子面前抱怨世事艰难，处境堪忧，便会阻碍孩子社会兴趣的形成和发展。假如父母总是埋怨亲友邻里，总是批评他人，表现出厌恶和偏激的一面，也会造成同样的阻碍，孩子长大后会很容易曲解他人，甚至最终反抗父母，这都不奇怪。当社会感受阻，“自我为中心”的观念便会当道。这样的人始终认为：“我凭什么要帮助别人？”然而在这样的心态下，他们是无法解决生活难题的，一定会裹足不前，因为他们认为奋斗太艰辛，所以希望能找到某条捷径，即便会伤害他人也在所不惜。就好像是一场战役，在战场上任何事都有可能发生。

还有一些事例，可以为我们探索罪犯的形成提供一些信息。有这样一个家庭，次子是个问题儿童，但就我们看来他很健康，没有丝毫的先天缺陷。长子在家中很受宠，次子总是拼命追赶哥哥的成就，就像是在参加一场比赛，他努力想要超越前面的对手。但是，对他而言这场比赛很艰难，他的哥哥在学校里成绩拔尖，但他却成绩不佳。次子的社会感没能得到正常发展，他十分依恋母亲，希望从母亲那里得到想要的一切。很显然，他企图操控他人。之前，他总是对家里的老仆人颐指气使，“训练”她在屋子里像是士兵一样匍匐前进。这个女仆人对他很宠爱，在他二十岁时，还任由他当“将军”胡闹。他时常被自己需要做的工作吓退，感到焦躁不安，但实际上他从未办完成过什么事情。当他遇到困难时，母亲都会给他钱，虽然他也会因此受人诟病和指责。

忽然有一天，他结婚了，这也激化了他生活中的所有问题。显然，结婚对他很重要，因为他比哥哥结得早，这对他来说简直就是一个无法言喻的胜利。这样的表现可以说明他有多么低估了自身的价值，竟然用这样无厘头的办法来获取胜利。当然，他并没有做好结婚的准备，一直和妻子争吵不断。他定购了一批钢琴，但母亲已经没有能力像从前那样资助他，他付不起钱，竟偷偷地把钢琴都低价抛售掉。他因此被关进了监狱。

在这个案例里，罪犯在童年初期已经埋下了隐患，在成长过程中，罪犯的一切光彩都被哥哥遮挡得严严实实，他就像一棵生长在大树底下的小树，永远也看不到阳光。和善良的哥哥比起来，罪犯认为自己被冷落和忽视了。

还有一个十二岁的女孩，被父母娇宠惯了，野心非常大。她有个妹妹，对此她只能忍受，但随时都在和妹妹竞争，不论是在家里，还是在学校。她每时每刻都小心翼翼，生怕妹妹会更招人喜欢，会得到更多的钱，或者零食。某天，她偷了同学口袋里的钱，被发现了，受到了惩罚。还好，我可以把这件事详细地解释给她听，让她认知到自己不需要再和妹妹竞争；同时，我也把事态原委都告知了她的家人，请他们尽量抑制这样的竞争,并且不要再让女孩感觉大家都更喜欢妹妹。已经过了二十年，女孩长大成人，如今是位很诚实的女士，已经结婚生子。从那次问诊后，她在成长路上再也没有犯过大错了。

罪犯个性的构成

有一些情况会对孩子的生长发展造成重大的阻碍，这我们在第一章里探讨过，这里我要再略为强调一下，这个层面的研究重要至极。个体心理学的发现如果没错的话，我们只有弄清楚了这些情况对罪犯观点的影响，才能够指导他们如何真正意义上的与人合作。影响孩子们正常发展的特殊障碍主要有三大类：身体缺陷、被溺爱和被忽视。

我亲自接触过罪犯，也从报刊杂志上看到过很多案件，我一直希望能通过研究，把罪犯的个性结构描绘出来，而在研究的过程中，我总能体会到个体心理学是多么关键。有几个案例，在此和大家一起探讨。

例一：康拉德案件。男孩康拉德在一位同伙的协助下谋杀了亲父。父亲总是忽视男孩的存在，不仅对他残酷无情，对家人也粗暴得很。曾经有一次，男孩还动手打了父亲，竟被父亲告上了法庭，甚至法官都说:“你父亲实在太凶太吵了，我也没办法啊。”

我们可以发现，法官无意间为男孩提供了一个借口。家人们尽量在为他们惹出的麻烦善后，却是白费力气，从而渐渐绝望。后来，父亲居然把一个风尘女子带回家同居，并且把男孩赶出了家门。此后，男孩结识了一个崇尚暴力的短工，他怂恿男孩把父亲杀了。男孩犹豫不决，主要是考虑到母亲的感受，然而事态愈发糟糕起来，不久之后，男孩决定在短工的协助下，谋杀父亲。

显然，男孩康拉德无法把社会感延伸到父亲身上，对母亲却十分依赖，也十分尊敬。他把自己仅剩的一点社会兴趣也消灭了，而在此之前他要找到某种能减轻自我罪行的辩解理由。在得到短工的“支持和支援”后，受其残忍暴力的影响，康拉德冲动之下一失足成千古恨。

例二：玛格丽特·史文齐格，是个有名的下毒女。她被亲生父母遗弃，身体又瘦又小，甚至有些变形。个体心理学理论认为，这些情况都对她形成了刺激，使她愈加虚荣，急需得到关注，甚至还让她拥有了讨好他人的举止礼仪。

她在历经几次感情风波之后深感绝望。她对三个女人下过毒，都是为了得到她们的丈夫。她认为自己被人剥夺，又没有什么别的办法可以夺回来。她还用假装怀孕和自杀的方式，企图控制那些男人。在她的自传里（很多罪犯都“热衷”于写自传），她的经历无意中验证了个体心理学的理论——“一做坏事，我就想‘谁都不会为我难过，所以我为何要担心，我会不会令人难过’”，我想她自己大概也尚未完全理解这句话。

从她的这些表述中可以清晰地了解到，她的犯罪之心是怎样被激发起来的，是怎样驱使自己继续执行，怎样为罪行寻求开脱的借口的。不仅是罪犯，实际上在我给出“与人合作”“要关注他人”的建议时，常常听到的回答就是：“可是别人对我也不感兴趣啊！”每当此时我会说：“总需要有人开个头，如果他们不合作，就不是你的问题了。我建议你应该开个头，不要去想别人会不会合作。”

例三：N.L，长子，没教养，瘸了一只脚，总在弟弟面前扮演父亲的角色。这种关系可以被视为寻求优越感目标的表现，在最初或许是有利的，但这又毕竟属于个人对骄傲和夸赞的欲求。后来，他把母亲赶走，让她去要饭，还出言不逊：“快滚，你这个老巫婆。”

这个男孩其实很可怜，他甚至对母亲都毫无兴趣。如果我们在他儿时就与他相识，便能看到他是怎样一步步走上犯罪道路的。很长一段时间里，他没有工作，没有钱，还沾染了性病。有一天，他求职失败，在回家路上杀死了弟弟，只为了得到其微薄的收益。我们能够确定他极度不愿合作，他没工作、没钱、有性病一直困扰着他。极端的情况始终存在，任何人一旦感到无法克服，感到超出自己的极限，便难以维系与他人的关系而走投无路。

例四：有个孩子很小的时候就成了孤儿，后来被收养。养母对他的宠爱程度令人咋舌，他成了被溺爱的孩子，后期发展十分不好。他很具有商业头脑，总希望能够给人留下深刻印象，总希望自己遥遥领先。养母很支持他对野心的追逐，最后竟爱上了他。后来，他不择手段地骗钱，成了诈骗犯。他的养父母本是小贵族后裔，他以贵族的派头大肆挥霍，还把养父母赶出了家门。

错误的教育和溺爱毁掉了他，他没有办法诚实本分地工作。他认为自己生命的任务就是用谎言与欺骗来战胜他人。养母宠溺他胜过自己的亲生孩子。这样的优待令他以为自己有权获得一切自己想要的，大大低估了自身价值，并认定用正当的方式无法实现成功。

在更深入的探讨之前，我必须对“罪犯都是疯子”这样的观点做出澄清。的确，有些精神病人会犯罪，但性质完全不同。我们无法认定他们应该对自己犯下的罪行负责，这种犯罪的源头是人们无法理解他们，对待他们的方式也是错误的。

智力低下的“犯罪者”也是一样，他们常常都只是被那些真正策划了罪行的罪犯所利用，仅仅是工具而已。他们头脑简单，为人利用。真正的罪犯为他们描绘了一幅诱人的未来的成功蓝图，刺激起他们的野心和贪念，自己却深藏不露，让他们成为牺牲品，去承担犯罪的后果。同样的情况还会发生在无知的年轻人身上，他们被经验老道的罪犯利用，经不起诱惑而犯了罪。

所有的罪犯，都是怯懦之人。面对问题，他们只会逃避，认为自己不够强大，无力解决难题。是的，从他们面对生活问题的态度以及犯罪的方式都可以看出他们的怯懦。他们深藏幽暗僻静的角落，恐吓受害人，在受害人寻求自卫之前，用武器进行要挟。罪犯们会觉得自己很勇猛，而我们自然不会被他们骗到。其实他们都是胆小鬼，只是在模仿英雄的行为。他们拼命地想要实现自欺欺人的优越感目标，坚信自己是英雄——这一种错误的人生观，实在是缺乏常识。如果他们意识到自己的怯懦，一定会非常震惊。

一想到自己狡猾地赢过了警察，他们的虚荣心和傲娇感便陡然膨胀，还常常自以为是："警察永远都抓不到我"。然而不幸的是，如果足够认真地对每个罪犯的犯罪经历进行调查，我相信我们定会发现，确实有很多时候，他们犯下了罪行却逍遥法外。当罪行被发现时，他们又会觉得："这次我不够聪明，下次肯定比他们聪明。"而漏网之鱼们则会感到自己实现了个人目标，已经高人一等，会受到同伙的推崇与欣赏。犯罪是勇敢和聪明的行为，这样的想法须要被消除，这十分重要。但是，这应该从何下手呢？实际上，在家里、学校里以及拘留所里，都可以进行，随后我会从最好的切入点做出阐述。

罪犯类型

罪犯可分为两大类。有的罪犯知道这世上存在友情，却从没体验过，他们对他人心怀恶意，觉得自己受到排斥，不被认同和欣赏。另一类罪犯曾经是被溺爱的孩子，我经常在罪犯口供中看到如下措辞："我犯罪都怪妈妈太溺爱我。"这个问题的确值得我们详细讨论，但在这里我只想强调的是：因为各种错误的发生，罪犯没能获得良好的教育，没能学会适当地与人合作。

他们的父母或许也曾希望把孩子培养成优秀的社会成员，却不知该怎么做。若是对孩子严加苛责，蛮横专权，他们绝不可能有成功的机会。如果对孩子过分宠爱和关注，只会让他们学会以自己为中心，认为自己最重要，无需努力和付出便可以获得他人的赞赏。如此一来，孩子失去了持久努力的能力，总期望着备受关注，或不劳而获。一旦找不到轻松的获取满足感的途径，他们就会把责任推给别的人和事。

在这里我们来探讨几个案例，看看能否说明上述的要点，尽管它们并非是专门为这个目的而整理的。第一个事例是"热血约翰"的案件，被整理记述在谢尔登和埃莉诺 T. 格卢克合著的《五百人的犯罪经历》一书中。

对于最初走上犯罪道路的原因，男孩约翰是这么说的："我从来没有想过，我会有机会毫无顾忌地吐露心声。在十五六岁之前，我和别的男生一样，喜爱运动。我会从图书馆借书来看，合理安排好时间。后来父亲要求我辍学，出去工作，但是我所有的收入都被他拿走了，每个星期只能得到五毛钱。"说到这里，我们看出他是在控诉。如果问及他和父母之间的关系，对他的家庭环境做出公正的评判，我们应该可以了解到他的真实体验。

对于他的表述，我们只能看作是他坚信父母不太合格。

“工作了一年左右，我开始和一个很爱玩的女生交往。”在犯罪经历中，我们时常能看到这种情况——罪犯们对喜欢玩乐的女生很痴迷。我们曾提到过，这是个问题，是在考验合作的程度。他和一个喜欢玩乐的女生交往，但一个星期只有五毛钱。无法说这是真正的爱情，况且他同时还脚踏多只船。显然，他误入了歧途。如果换作是我，遇到同样的情况，我会认为这个女生只是爱玩，不适合我。然而，对于什么才是生活中最重要的，每个人都有不同的估量。

“这念头，就算是生活在小镇上，一星期五毛钱也不可能支撑女生玩乐。老头儿拒绝再给我钱，我很生气，心里总想着怎么才能多搞点钱。”正常的答案应该是：“或许你应该到处找机会，多挣点钱。”但他希望有轻松的捷径，为了这个女朋友，也为了自己能玩乐。

“有一天，来了个男的，我和他混在一起。”陌生人的到来对他是另一个考验，具有恰当合作能力的男孩不会被误导，但是他极有可能。“他是个小偷，聪明能干，深谙此道。他会和人分赃，不会陷害人。我们在镇子上得手多次，都没有被抓住。从那之后，我就干起这行了。”

他的父亲有自己的房产，是一家工厂的包工头，家庭收入刚够抵消所有支出。男孩家里还有另外两个孩子，在他误入歧途之前，家人都清清白白。男孩坦白地说，在十五岁的时候就和异性发生过关系。我想可能会有人觉得他好色，但我却认为，他对别人没什么兴趣，只是在追求享乐。况且，人人都有可能好色，但他是在用此种方式博取他人欣赏，企图成为征服异性的“英雄”。

在他十六岁的时候，他和一个同伙因为盗窃被捕。而他在其他方面所表现出的兴趣，符合并验证了我们的全部推断。他想在外表上显示出成功的模样，以吸引女性目光，再花上大把的钱赢得她们的芳心。他戴宽檐帽，系红丝巾，腰间插着一把左轮手枪，还给自己取了个外号——西部歹徒。这真是个虚荣的男孩，希望自己像个英雄，却不知道还能通过别的什么途径。他对自己的罪行供认不讳，甚至扬言，“还多得多”，根本没有考虑他人的财产权。

“我没觉得还有什么好活下去的，对于那些普通人，我只会最强烈地鄙视他们。”所有这些看起来很清醒的想法，其实都不准确。他压根就没有理解到它们真正的含义，只感到生命是种负担，同时搞不懂自己为何这么沮丧。

“我学会了不去相信任何人。人们说小偷不会欺骗彼此，其实也会。我之前对一个家伙很好，却被他暗算了。如果我能有足够的钱，我也可以和其他人一样老老实实做人，我是说，有足够的钱可以让我不用工作，随心所欲。我一直不喜欢工作，讨厌工作，永远也不会去工作。”对此我们解释为：“应该对我的罪行负责的，是压抑。我的欲望被迫受到压制，于是我就成了罪犯。”这很值得我们好好思考一下。

“我从没想过要为了犯罪而犯罪，当然也有一时兴起的时候，开车到某个地方，干活，走人。”他以为自己是英雄，没有意识到这种行径是怯懦的表现。

“有一次，我被抓了。本来我得手了价值五万四千美元的珠宝，可是我犯了傻，去看女朋友，然后只换了足够她花销的钱，结果还被抓了。”他们在女人身上大把花钱，以此轻松获胜，是的，他们认为这样做就能真正征服异性。

“监狱里有学校，我会尽力接受教育，当然不是为了痛改前非，而是要让自己对社会更具危害力。”这是对人类痛恨至极的心态。他不想和任何人产生联系，他说：“我要是有个儿子，非绞死他不可。难道你会以为我会犯这种错吗——把一个人带到这个世界！”

对于这样的罪犯，该如何改造呢？只能想办法提高他与人合作的能力，让他认识到自己对生命意义阐释的错误之处，此外别无办法。于此，我们需要了解他童年初期的各种困难处境，才有可能说服他。当然，从这个案例中我看不到他童年时期的事情，他的表述未曾涉及这些关键信息。但我可以肯定，在他的童年时期一定发生过什么事，造成他对人类如此痛恨。或许因为他是家中的长子，像其他长子一样，最初备受宠溺，在弟弟妹妹出生后，感到地位被篡夺。不论猜测正确与否，我们都不得不承认，即便是这样的小事，也会对合作的发展造成阻碍。

后来，男孩约翰还提到，他被送进了一所少年感化院，并遭受到粗暴的对待，直到他带着对社会的深深仇恨离开。在这里，我们不得不说明一下，从心理学观点出发，罪犯们在监狱中遭受的粗暴对待，会被他们视为挑战以及对力量的考验。同样的道理，当罪犯总是听到有人说“我们必须停止犯罪”时，也会认为那是种挑战。他们正迫切地想成为英雄，于是对这些挑战都会统统接招。他们认为是社会在刺激他们继续走下去，反而变得更加坚定。假如一个人在和全世界作对，那还有什么能比挑战更能刺激他呢?

提出挑战，是很严重的错误之一，对于问题儿童的引导也是如此。“来比比谁最强！比比谁坚持得最久！”孩子和罪犯在这个方面是一样的，都痴迷于对力量的追求。如果犯人们足够聪明，还会想出办法来逃避惩罚。经常有人在监狱和拘留所里对犯人们发起挑战，这是极其有害的做法。

另一起案件，罪犯因谋杀——用极其残忍的方式杀害了两个人——被判处绞刑。此前他将自己行凶的意图写了下来，我们来看看罪犯是如何策划犯罪的。没有哪个罪犯会不打草稿就去犯罪，而在这些策划中，一定会对罪行做出“合理”解释。翻阅所有的犯罪自白书，我从来没有看到过哪个罪犯只是单纯地陈述罪行本身，也从来没有看到过哪个罪犯不为自己辩解。

社会感的要义便在于此——纵然是罪犯，也需要尽力让行为与之匹配。而在犯罪之前，他们势必会彻底消灭自身的社会感，彻底打破社会兴趣，以此为犯罪做出准备。在陀思妥耶夫斯基的小说《罪与罚》中，拉斯科尔尼科夫卧床两月，思考是否要去杀人。“我是拿破仑，还是小虱子？”他以此逼问自己，刺激自己。罪犯往往很善于自欺欺人，利用此类幻想激励自己。事实上，他们都明白自己的生活有害而无益，也明白什么是有益的生活。可是，他们怯懦，抗拒有益的生活。他们怯懦的根源，是缺失了成为有用之人的能力。生活问题需要合作解决，他们却从未接受过相关训练。往后的日子，罪犯们想方设法地挣脱重负——如我们所见——为自己找出各种借口，谋求能够掩饰罪行的处境。

那个凶残的杀人犯在日记中写道：

“我的家人和我断绝了关系。我被人唾弃和鄙视，几乎要被痛苦打倒在地。没有什么能够阻止我，我已经忍无可忍了。我可以接受被人抛弃的现实，但是肚子呢，肚子里什么都没有，我总得填饱它啊。”这是他为了掩饰罪行所找到的借口。

“有人预言我会死在绞刑架上，可是我想：‘饿死和绞死不都是死吗？’”这让我想起另一个案件，一个母亲曾“预言”：“我敢肯定，终有一天你会勒死人的。”孩子十七岁的时候，勒死了他姨妈。“预言”，在他们看来就是挑战。

“我一点都不担心会有什么后果，反正都得死。我什么都不是，谁也不愿意和我有丝毫关系。我喜欢的女孩也躲着我。”他希望能引起那个女孩的注意，却没有钱，连好一点的衣服也没有。

他把女孩看作财产——这是他对爱情和婚姻的处理方式。

“横竖都一样，我要么被拯救，要么走向毁灭。”不得不说，虽然我很想得到更多的解释的余地，但他们却总是搞极端，或者完全对立。他们就跟孩子似的，要么得到一切，要么放弃一切。只有两种极端的选择：“饿死或者绞死”“拯救或者毁灭”。

“星期四，目标已锁定，等待时机。一有机会，所发生的事就不是任何人都能做得出来的了。”他把自己看作英雄，突袭了一个男子，用一把刀杀了他。这种惨无人道的事，的确不是人人都能做得到的。

“如同羊群被牧羊人驱赶着前行，人也会在饥饿的驱使下做出最残忍的事。我大概再也没有明天了，不过我也不在乎。饥饿的折磨才是最恐怖的事。我已经病入膏肓，无药可救了。如果饿死，就不会有谁关注到我。而现在这样，所有人都会集体来看我被处决，或许还会有人为我感到悲哀。我决定要按计划进行，我今晚的恐惧，无人可及。”

他终究成为不了向往的英雄。后来，他写道：“虽然没能刺中那人的心脏，但我依然犯下了谋杀罪。我知道自己会被绞死的。遗憾的是，那人的衣服好精美，我这辈子都不可能穿上那样的好衣服。”他没有再提到饥饿这个犯罪动机，倒是着重提到了衣服。“我不知道自己在干什么”，他辩解着。这样的辩解一定会以某种形式出现的——比如有的罪犯在犯事前喝得烂醉——都在企图证明，自己是经过无数次挣扎，才彻底抛弃了仅存的社会兴趣。在各种犯罪经历的描述中，都能看到上述提及的各个要点，对此我深信不疑。

合作的重要性

言归正传，所有罪犯——和所有他人——都在争取胜利，企望获得无人企及的地位。这样的目标以各种各样的形式存在着。我们发现罪犯的目标在其个人意义上往往会优越于他人。他所努力争取的东西，在他人看来可能什么都不是。他不愿与人合作，尽管社会需要全体成员——成员间也彼此需要——为共同的利益做出贡献，需要社会合作能力。罪犯的目标并不包含任何对社会有用的目标，这也是所有罪犯的生命中，真正的最为重要的一个方面。后续我们将看到，这样的状况为何会发生。就这个问题，我想清楚地表明，如果打算去了解一名罪犯，最主要的就是要找到，他在合作方面的失败程度以及性质。

罪犯与罪犯的不同，更多在于他们的合作能力方面，有的人失败程度较轻，有的则很严重，如此而已。例如，有些人所犯罪过不大，绝不会越过合作能力的限制，而有的罪犯却偏爱犯大事。有的罪犯是头目，有的罪犯是小跟班。如果想要了解各种不同的犯罪类型，我们必须去审视罪犯们的生活方式。

个性、生活方式和三大任务

我们提到过，在人们四五岁的时候，个性化生活方式的特征都已成形，所以要改变它们肯定是很难的。这是人特定的个性，只有认知到其形成时的错误之处，才能使之够得到转变和改善。这让我们能够理解，为何有的罪犯经过多次的惩罚，饱受唾弃与侮辱，甚至被剥夺了社会所能提供的所有美好事物，依旧死性不改，反复犯下同样的罪孽。

经济上的窘迫并不会迫使人们进行犯罪。的确，世事总是艰辛，当人们深陷困境时，犯罪的比例会上升。统计的数据显示，某段时期的犯罪率的增长甚至和小麦价格的增长构成正比。然而，这并不能证明经济形势和犯罪直接相关，而只能表明人们的行为受到限制。人们的合作能力是有限度的，一旦达到极限，便没有办法继续做出贡献了。有部分人会抛弃最后一点的合作精神跑去犯罪。在其他一些方面我们也有所洞察，很多人在顺利的时候不会犯罪，一旦遭遇突发问题，就可能走上犯罪道路。他们的生活方式、解决问题的方式，才是其中最重要的因素。

个体心理学的调查研究证明了一个简单明了的关键点：罪

犯对他人没有兴趣。他们只会在某个限度内与人合作，一旦超过限度，就会犯罪。思考生活的普遍问题，探究罪犯无从解决的问题，是很有意思的事情。最终结论是，我们的生活，除了社会问题之外，似乎也没什么别的问题了。因而只有对他人兴趣盎然，才有办法解决生活难题。

在第一章里我们已经有所简述，在个体心理学的指导下，生活难题被分为三大类。首先是友谊问题，即与他人的关系。有时候，罪犯也是有朋友的，但只限于同类。他们拉帮结伙，甚至彼此之间以诚相待。不过很显然，他们把自身的活动范围限定住了，无法和社会上的普通人做朋友。他们就好像是一群来到陌生环境的陌生人，不懂得怎样才能与他人自在相处。

第二类问题是工作问题。在被问及工作的相关问题时，很多罪犯都会给出这样的答案："你不知道那儿的工作环境有多糟糕。"工作不合他们心意，他们也不愿意如常人一样去努力克服困难。当人们拥有一份有益的工作时，便意味着会关注他人，能为他人谋福利，而这显然正是罪犯们人格中所缺失的部分。合作精神的缺乏在很早的时候便会有所体现，大多数罪犯都没能做好符合工作要求的准备。他们未经相关训练，无所擅长。若是回顾他们的人生经历，不难发现在学校时，他们就遇到了阻碍，逐渐丧失兴趣，开始不愿合作。合作，是生活的必备技能，但罪犯们却从来没有真正学会过。所以当他们面对工作问题时会败下阵来，很难就此去指责他们。就好像一个从来没学过地理的人去参加地理考试，交上来的不是白卷，也会是满篇错误。

第三类问题是两性关系问题。美好且圆满的爱情，需要彼此之间拥有相同程度的浓厚兴趣以及相互合作的能力。事实上，有一半的罪犯在进入监狱或看守所之前，都染上了性病。这足以证明，他们企图轻松地处理两性（爱情）问题。他们把对方看作财产，并认为爱情可以买到。对他们来说，性代表征服和占有，是他们占有某种财产的方式，而非终身关系的重要部分。很多罪犯都认为："如果无法得到想要的一切，那活着还有什么用？"

如果在所有的生活难题上都缺乏合作精神，显然这是个很严重的问题。人们随时随地都需要合作，合作程度的高低在观察、表达和倾听的方式中有所呈现。我发现，罪犯的观察、表达和倾听方式与常人有所不同。他们有一种特有的语言，这种与众不同形成了某种障碍，并对其智力发展产生了影响。我们在说话的时候，通常希望能被众人理解——理解本身也是一种社交功能。人们赋予语言文字共同的解释，以便理解方式保持一致。但罪犯们却不是这样的，他们的逻辑和才智都只属于自己。从他们对罪行的自我辩解中可以看出，其实他们并不愚蠢，也不迟钝。如果去认同他们虚拟的个人目标，那么我们会发现，他们推导出来的大多数结论都合情合理。

有些罪犯会提到："我看到有人穿了一条我没有的好裤子，于是我就把他干掉了。"假定我们认同他的想法，认为他的个人欲望最为重要，他不必采用有益的谋生方式，那么他的结论就是明智的。然而，这不是常理。近来，在匈牙利发生了一起刑事案件，一群妇女被指控放毒杀人，犯了多重谋杀罪。其中一个妇女进入监狱时说：“我儿子身体有病，又不务正业，我只能毒死他。”她放弃合作了，还能怎样呢？她并不愚昧，只是看待问题的角度以及人生观与常人有所不同。这样一来，不难理解：当她见到心仪之物，想轻松占有时，她就会命令自己务必要从这个敌意满满，并且自己丝毫不感兴趣的世界里，把东西搞到手。他们对生活产生了误解，对自身价值以及他人的重要性都做出了错误的评判。

合作的早期影响

在此我会探究一下导致合作失败的一些情境。

家庭环境

有时候我们不得不怪罪于父母。要么母亲欠缺经验，无法让孩子与自己进行合作；要么她表现得自己总是对的，无需他人帮助；要么她自己就无法与他人合作。在不幸或不完整的家庭中，合作精神往往得不到适当的培养。孩子与他人发生的第一次联系是和自己的母亲的联系，但是母亲却有可能不愿意帮助孩子把社会兴趣扩展到父亲、其他孩子与别的成年人身上。

另一种情况是，孩子也许会认为自己是家庭的核心人物。在他三四岁的时候，家里又迎来了弟弟或妹妹，他感到受挫，地位被篡夺，便开始抗拒与母亲的合作，也不与弟弟或妹妹合作，这些因素我们都要考虑到。回顾一个罪犯的人生经历，一定会看到在他早期的家庭生活里，问题已经出现。环境本身不会起什么作用，只是孩子对自己在家庭中的处境有所误解，而家人也置若罔闻未给他做出正确的解释。

假如家庭中某个孩子天赋异禀，尤其出众的话，那对别的孩子而言通常都不是什么好事。那个孩子会备受关注，其他孩子便会灰心丧气。他们不会去参与合作，只想一比高下，却又信心不足，于是逐渐失去了光彩。在他们身上会出现很多不太乐观的发展倾向，可能会成为罪犯、神经症患者或者自杀者。

对于那些精神缺失的孩子，在他们上学的第一天，从言行举止中便可看出问题——不喜欢老师，注意力不集中，上课不听讲。如果不能极其认真地对待和了解他们，他们将有可能遭遇又一次挫败。无法得到激励，没能学会合作，总是被责骂呵斥，这也难怪他们会认为和从前相比学习更没意思。当信心和勇气不断遭受打击时，他们又怎么可能会对校园生活发生兴趣呢？这样的情况在罪犯们的经历中总是可见。比如在十三岁左右，不仅上慢班，还要被人骂作大笨蛋，他的校园生活便会从此受阻。他对他人的兴趣渐失，努力的方向也会逐渐转向生活的无用面，开始反对社会，或者做些于人无益的事情。

贫穷

罪犯对生活产生误解的很多机缘巧合都与贫穷相关。出身贫困家庭的孩子，很可能会受到社会歧视。他的家庭受到剥削，一家人要面对太多的磨难和悲哀。可能在很小的时候，他就要出去打工，帮助父母维持生活。后来碰到一些有钱的，生活得潇洒舒适，随心所欲的人，他会觉得自己理应和他们一样才对，也应该享有轻松生活的权力。这便很容易理解了，为何通常大城市中贫富差距很大，犯罪数量也就会很大。有益的行为，绝对不会源于嫉妒。贫困环境中成长的孩子，很容易对这种处境产生误解，以为不劳而获就是到达优越地位的捷径。

身体缺陷

身体缺陷也会引发自卑感。当我提出这一观点时有些迟疑，因为这实际上部分认同了神经学和精神病学中关于遗传的观点。不过，从最初写下身体缺陷与心灵补偿之时，我就意识到了问题的严重性。自卑感的产生并不应该归咎于身体缺陷，而应该归咎于不完善的教育方式。如果运用了正确的教育方式，身体有缺陷的孩子未必只会自我关注，也会开始关注他人。如果周围的人无法帮助他们去关注别人，那他们就会变得“唯我独尊”。

很多人的内分泌都有问题，不过我想说明的是：还没有人真正弄清楚内分泌腺的功能到底是什么？但是，它功能的变化并不会影响到个性。如果我们希望寻求到正确的途径来帮助这些孩子，激发出他们与人合作的兴趣，那么就应该把内分泌的因素排除在外。

社会缺失

孤儿，在犯罪人群中所占据的比例很大。这无疑是对社会的控诉。孤儿们未能接受优秀的教育，未能培养起合作精神。私生子，也是所占比重较大的群体，他们不被人关爱，也从不关爱别人。被遗弃的孩子很容易走上犯罪道路，尤其是当他们意识到并确信自己是多余的，不被人需要之后。有很多罪犯长相丑陋，这刚好契合了遗传的部分阐释。丑陋的孩子会是什么样的心态呢？显然相貌不佳对他们的发展非常不利。有可能他们刚好是某个种族的混血儿，生来就相貌不佳，于是在社会上常被人歧视。丑陋，简直毁掉了他们的一生——他们从未拥有过正常人倍加珍惜的童年时光的美好点滴。只有真正关爱和善待这样的孩子，才能让他们真正融入社会。

当然，罪犯中也常有相貌堂堂的家伙。如果说长相丑陋的罪犯们是不良遗传因素的“受害者”，甚至他们天生就有身体缺陷，比如兔唇之类的缺陷。那么，对于英俊漂亮的罪犯们又应当作何解释呢？显然，他们在成长过程中也没能正常激发起社会兴趣，因为他们都曾经是被溺爱的孩子。

犯罪问题的解决办法

当我们发现罪犯是在追逐某种虚拟的优越感目标，缺乏社会感，没能接受合作方面的培养时，接下来该怎么办？这是个重大的课题。对于罪犯，和神经症患者一样，只有成功地引导其合作，才能解决他们的问题。我们无数次强调这一点，并不是危言耸听。如果不能让罪犯真正关心人类幸福,关心他人利益，学会与人合作，就无法让他们回到正常的人生轨迹，通过合作解决生活难题。

是的，必须要教会他们如何与人合作。到监狱里去探视他们并不会有多大成效，释放他们也对社会不利，这些方式都应该放弃。要保护社会就要关押罪犯，但这不是全部，我们更应该思考清楚，他们无法适应社会生活，要如何帮助他们。

说起来容易做起来难。让他们过上轻松惬意的生活，或者故意刁难，又或者指出错误、与之争辩，都不能争取到他们的改变。他们心意已决，对待世界的方式已经根深蒂固。若要其改变，就要追根溯源，找到他们最初的失败之处，和失败的情境。他们的个性特征在四五岁时就已成形，在那时，他们在犯罪经历中体现出来的错误世界观就已初见端倪。需要得到纠正的，应该是他们这些早期的错误和最初的人生观。

一旦形成了错误的人生观，他们便会用全部的人生经历来做阐释，如果经历和人生观不甚吻合，就会想方设法予以改变，直到它们符合为止。他们总认为自己受到侮辱和亏待，然后极力找出各种相应的证据来验证，却无视一切与自身观点相左的事实。他们有着个性化的认知方式，总是选择性忽视与个人观点不符的人和事。只有彻底了解到他们对生命意义所做出的诠释以及为此对自身所进行的牵引，才能帮助他们做出改变。

体罚的无效性

显然，体罚是没有用的，只能让罪犯更加笃定他的四周充满敌意，从而更加拒绝合作。体罚之类的事件在学校里会时常发生。罪犯在儿时没有经过合作训练，成绩很差，表现糟糕，于是常常受到指责和体罚。试问，这么做真的能激发起一个人的合作精神吗？恐怕只会让他更加绝望，认为人人都与己为敌，自身处境暗无天日。讨厌学校，这很正常，谁会喜欢一个充满指责和惩罚的环境呢？

这样的惩罚让孩子失去了信心，不再关注学业，不再关心老师和同学，逃学甚至离家出走。当他们来到陌生的地方，遇到曾有同样经历的人时，便会觉得找到了同类知己。那些人似乎很能理解他，从不指责他，甚至还会迎合他，刺激他的野心，令他在反社会的道路上越走越远。罪犯社会感很低，只把同类看作知己，而把大众视为敌人。面对同类，他们轻松愉悦得多。正是这样，无数孩子走向犯罪，即便此后人们对他们表示出关爱，也无济于事，他们只相信，罪犯和罪犯才是真朋友。

这些孩子被生活的难题击败了，这本不应该。我们绝不能坐视不管，任其失去希望——应该从学校层面入手，尽量让孩子保持自信，受到鼓舞。至于如何实践，在此不做赘述，后文会有详解。在此我只是想说明：如罪犯会把体罚视为社会与己为敌的证据。

我们说体罚是无用的，还有别的一些原因。很多罪犯对自己的生命毫不珍惜，常常想要自杀。于是体罚，甚至死刑，对他们而言毫无意义。他们陶醉在与警察的对抗中，任何惩罚都不会令其痛苦。他们喜欢挑战，而这恰好是他们自认为想要的挑战。当遭受到警察的粗暴对待，甚至是虐待时，他们会极力反抗，他们相信自己一定比警察更强大。

罪犯把一切事物都视为挑战，把自己与社会的联系看成无休止的对战，拼命要在战斗中获取胜利。显然，如果我们如他们所愿采用对抗的方式，只会助长他们的嚣张气焰。同样的道理，电刑也被看作挑战，他们会认为自己是在挑战某种惊心动魄的风险。我们给出的惩罚越重，他们企图证明自己更加强大的欲望就越大。实际上很多罪犯都是这么看待自己所犯下的罪行的——某个被判处电刑的罪犯，在最后时刻却是在想："要怎么做才能不被抓住呢？我的眼镜要是没落在那儿就好了！”

培养合作精神

那个孩子，若是莫名其妙地表现出灰心丧气的状态，便极有可能是产生了顽固的想法——己不如人，与人合作毫无意义。没有谁注定会被命运打败，只是有人选择了错误的应对方式。我们必须让罪犯意识到，自己在何时何地为何会做出错误的抉择，必须让他们重获自信，关注他人，与人合作。如果人们都了解到，犯罪其实是怯懦的表现，那么罪犯就不会再自我辩解，孩子们也不会去选择犯罪了。在所有的案件中，不管罪犯所说的真假与否，我们都必须承认，童年时期深刻地影响着人生观和合作能力的发展。

再次强调，合作能力不可缺失，与遗传无关。合作潜力是存在的，也是天生的，但要让这种潜力得到发展，就必须接受训练和反复练习。我从来没有见到过，也没有听到过，合作能力足够的人走上了犯罪道路，实际上，没有任何证据可以证明会出现这样的情况。而适当的合作，是防止犯罪最恰当的方式。

对于犯罪问题的解析已近尾声，但我们不得不面对现实——人类至今尚未找到应对犯罪问题的完美方案。所有被尝试过的方法似乎都收效甚微，灾难始终伴随我们左右。当然，我们的研究可以揭示出其中原因：在此之前没有人找到改变罪犯错误的生活方式和人生观的有效措施。没有有效措施，其他办法只能是治标不治本。到此，我们应该对自己要做的事更加明确了——必须教会罪犯与人合作。

我们已经积累起知识和经验，知道如何去改造罪犯，但不得不承认，想要改变罪犯的生活方式是件多么高难度的工作。难上加难的是，社会上大多数人在所遭遇的困难超出某个限度后，便会抛弃掉合作精神。这就是为什么，世事越艰难，犯罪率越高的原因。培养合作精神以防止犯罪，需要针对大多数人进行，而对于罪犯或潜在罪犯，想要立见成效，显然不现实。

有效的方法

当然，我们可以做的事情还有很多，就算无法对罪犯一一进行改造，也可以做点事情来减轻那些不堪重负的人们所背负的压力。譬如针对失业者或者缺乏职业技能训练的人们，我们可以尽量帮助他们找到合适的工作。工作是维持生活的必要手段，大多数人可以因此而坚持住自己的合作精神。无疑，若是能做到这一点，犯罪率会大大下降。虽然我并不确定是否已经到了提高社会福利的合适时机，但可以肯定，我们必须为此而努力。

我们应该为孩子提供更好的职业训练，让他们为将来的生活打下坚实的基础，拥有更多职业选择的机会。对于罪犯而言，这种训练在监狱中也可以进行，实际上也已经有所尝试，接下来需要做出进一步的努力。尽管不太可能对罪犯进行单独训练，但集体训练也是大有益处的。不妨和罪犯来一场社会问题的讨论会，引导他们思考和给出答案。尽可能地启发他们的心智，帮助他们从迷惘中走出来，力争让他们意识到自己错误的世界观以及对自我价值的低估所带来的害处。他们需要在指导下打破自我限制，消除对生活问题和社会问题的恐惧感。我坚信这样的训练一定会收获满满。

应该尽力避免在社会中制造出过多的诱惑，尤其是对于罪犯和贫困群体而言。贫富差距两极化发展会让处境艰难的群体怒不可遏，嫉妒心油然而生。虚荣之心、炫耀之风都需要克制，而且势在必行。

对于智力发育迟缓的孩子，或者少年犯的引导，不能采用惩罚的方式，那样做压根就没有用。他们已经向自身处境宣战，不过不知如何应对才会坚信某种消极的想法。罪犯也是一样。世界各地的警察、法官甚至是法律条文，在罪犯眼中无一不是挑战，令他们血脉偾张。这种对待罪犯的方式是有问题的。我们不能去威胁罪犯，而应该谨慎一些，不妨隐去他们的姓名和罪行，犯罪信息不宜大肆扩散。高压方式也好，怀柔策略也罢，都改变不了罪犯，只能想办法让他们自己认知到自己的真实处境。不要指望罪犯会被死刑吓到，就算是被处死，罪犯也只会去想，自己出了什么纰漏才会被抓到。实际上，很多时候，死刑让这场对战愈演愈烈了。

另一方面，提高破案率也是防止犯罪的有效办法。据我所知，在我们这个时代，至少有百分之四十的罪犯依然逍遥法外，同时，几乎所有罪犯都会有未被查处到的经历。漏网之鱼们也因此变本加厉，且作案经验日益丰富。值得庆幸的是，我们正朝着正确的方向前行，且取得了一些成果。另外，还有一点十分重要：不管是在监狱里，还是在他们出狱后，人们都不应该辱没和挑衅罪犯。增加缓刑监察员的数量是有必要的，只要任命得当，他们会起到巨大作用，当然，他们也必须要了解各种社会问题以及合作的重要性。

预防措施

若是上述建议能得到采纳，想必能收获颇丰吧，不过想要以此大量减少犯罪数量是不太可能的。还好，我们还有另一个实用且有效的方法，那就是对孩子进行合作教育，积极发挥他们的社会合作能力，若是能持之以恒，必定可以大大降低犯罪率。毕竟，这样一来，孩子就不会受到诱导和刺激，也就不会选择犯罪。不论遭遇何种艰难困苦，他们都能保持对他人的关注，坚持与他人合作。和我们这一代人相比，下一代人的合作能力、处理生活难题的能力都应该会得到很大的提升。

大多数罪犯通常都是从青春期开始犯罪，我们可以发现，在 15 到 28 岁之间的犯罪率最高。这验证了我们的观点，早期教育很重要。孩子们若是能接受到正确的引导，他们还会把这种引导延伸到家庭中。对父母来说，独立自主，积极向上，乐观开朗的孩子绝对是自己很好的助手，也是很好的安慰。以点到面，合作精神将辐射至整个人类社会，推动社会向更高的水平发展。当然，在影响孩子的同时，家长和老师也需要共同进步。

最后，我们应该怎样选择最合适的切入点，应该采取怎样的方式引导孩子，使他们能够应对未来的工作与生活呢？对所有家长都进行培训吗？这种方式并不可取，家长是很难引导的，更何况，最需要接受培训的那部分家长通常连个人影都没有。那么，把孩子们管束起来，随时随地监视着？显然，这是胡闹。

真正能保证顺利解决问题的办法是有的，那就是培训老师。我们可以对老师进行培训，指导他们如何纠正孩子源自家庭的错误，并帮助孩子扩展社会兴趣。老师可谓是社会进步的枢纽，而在学校的大环境中，对老师进行培训是很自然的也很必要的事情。人们创办学校，原本就是因为孩子在家庭环境中无法获取到足够的，可以应对未来生活种种问题的教育，现在我们何妨不利用这一优势，让学校教育可以真真正正地帮助孩子提高自己的合作能力和职业技能呢。

综上所述，我们当下所享有的一切，都是世世代代的人们努力贡献的成果。那些彼此不合作，不关注他人，不为人类造福的人，从未体会过可贵的成就感，只会默默地走向死亡，就像从来没有存在过一样。而那些为人类文明贡献出一己之力的人们，他们的成就和精神都被镌刻在历史的画幅上，百世流芳。只有在这样的基础上教育我们的孩子，才能让他们成长为乐于合作之人，才能让他们积累起足够强大的能量，去坦然面对生活的艰难险阻，才能让他们懂得以符合人类利益的方式去解决各种问题。是的，就算身处困境，他们依旧会勇往直前。

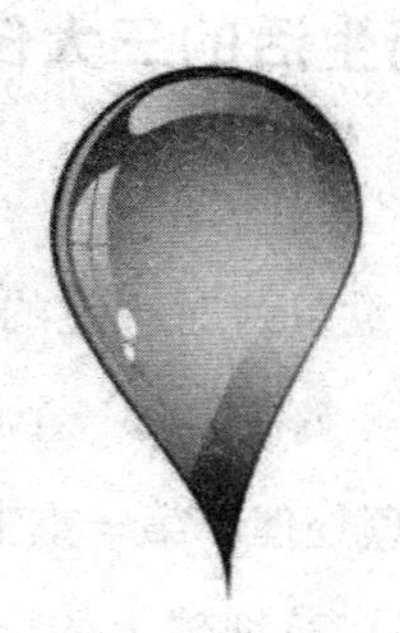

第十章　工作中的疑难杂症

平衡生活的三大任务

人类与生俱来的三重束缚对我们的生活构成了三大问题，且无法将其各个击破分开解决。每一个问题的解决，都需要配合着其他两个问题的合理处理。第一重束缚带来了工作的问题。我们生存在地球上，拥有着地球上的一切资源，土地、矿产、气候和空气等，但资源限制一直困扰人类，我们需要解决因此而产生的诸多问题，这一直是人类的任务。就算是到了现在，我们也不能认为已经获得了满意的答复。任何一个时代，人类都只是在某种程度上成功地解决了一部分问题，永远都存在获得更大进步和成功的空间。

处理第一个问题，即工作问题的最好办法来自于对第二个问题——社会问题——的解决。束缚我们的第二个现实是：我们同为人类，彼此生活有着必然的联系。假如某个人是人类在地球上唯一的生存者，那他的行为态度就会截然不同。事实上，我们总要考虑他人，适应他人，并关注他人。社会问题通过友谊、社会感和与人合作才能获得最好的解决，从而使得我们能够向前去处理第一大问题。

正因为人类学会了彼此合作，才有了劳动分工的伟大创举，为人类幸福做出了首要保障。如果每一个人都在靠一人之力在地球上谋求生存，而不进行任何合作，不总结过去合作所产生的影响与利弊，人类便将无法生存下去。我们通过劳动分工，能够将众多不同的训练结果应用起来，也能将多种能力组织起来。如此一来，任何人都能为人类的共同利益造福，守护人类安全，每个社会成员的机会也将得以增加。的确，我们还无法声称自己已经取得了所能取得的所有成就，也无法宣布劳动分工已得到完美的发展。一切解决工作问题所做出的努力，都必须遵从这样的纲领：劳动分工以及共同为人类造福。

有一部分人想要回避工作问题，要么是企图完全逃避劳动，要么就是忙碌于一些人类利益一般领域之外的事务。我们常常会看到：有些人逃避工作，实际上是在寻求他人的帮助。他们是在以某种方式，依赖于他人的劳动成果来让自己继续生活，自己却毫无作为。这就是被溺爱的孩子的生活方式：一遇到问题就要求别人努力为自己解决。他们阻碍了人类的合作，不公平地把负担抛给了那些积极解决生活难题的人们。

第三重束缚是，性别。人类的延续使我们有责任去接触异性，并完成性别角色。于是两性关系也成为一个问题，并如其他生活难题一样，无法孤立地予以解决。想要合理解决婚姻爱情方面的问题，就必须拥有一份利于社会的职业，与他人友好相处。如今时代下，对两性关系最成功的解决途径莫过于一夫一妻制，是最符合社会合作与劳动分工的方法。我们可以通过一个人解决这一问题的表现，清楚地看到他的合作程度。

三大问题绝不会被独立呈现，而是一直“纠缠不清”，对某个问题的处理总与其他问题密切相关。实际上，我们可以把它们视为，同一环境下同一个问题的不同方面，这个问题就是：人类在所处环境中对生命的保存与延续。

有的时候，事业会被用来充当逃避社会和爱情问题的借口。我们常在生活中看到，有的人总是对工作过分投入，以此逃避婚姻或爱情所面临的问题。在面对失败的婚姻时，事业也常常被拿来当挡箭牌。一个人疯狂地工作，他是在想：“我哪有时间去经营婚姻，所以我没必要对这场不幸负责。”对于那些不遗余力地逃避社会与爱情问题的神经症患者而言，这种情况实在常见。他们不接触异性，对他人不感兴趣，只是夜以继日地疯狂工作，废寝忘食，把自己搞得紧张兮兮。而这种高强度的紧张会引发出神经官能症的症状，诸如胃病之类的病症。于是，他们便又觉得自己患上了胃病，更不需要去面对社会和爱情问题了。还有的人不停地换着工作，总想着别的工作会更适合自己，其实是他自身毫无坚持可言，只能换来换去。

早期训练

家庭和学校因素

影响孩子职业兴趣和发展的第一个人自然是母亲。人的一生之中，最初四五年的教育和培养，对人们未来的主要活动范畴起着决定性的作用。当有人找我做职业指导的时候，我总会询问一些他的早期生活状态以及他童年时期的兴趣。这个时期在脑海中留下的印记，会确凿地表现出个体一直以来都希望成为怎样的人：体现个体的奋斗目标以及这些目标与其精神世界相匹配的方式。此后，我们还会阐述早期记忆的重要性。

培养的第二阶段需要依赖学校。目前，学校教育对孩子的职业培训重视了许多，对他们各种技能的训练、各种能力的培养都很看重。职业培训的重要性，如同其他学科知识的教育一样。当然，其他各种学科知识的教育对孩子将来的职业发展也十分重要。在生活中我们经常听到有人说，早就把在学校学到的东西还给了老师，这并不能证明学习这些知识是在做无用功。经验表明，学习各种学科知识的过程，也是在对孩子的各种能力进行锻炼，是一个非常棒的方式。除此之外，有的新兴学校还会注重锻炼手工和劳作，让孩子积累下更加丰富的经验，增强自信。

纠正潜在的错误

有的人不论选择什么样的职业都不会感到满意。其实他们想要的并不是一份工作，而是不带而获的优越地位。他们压根就不愿意正面面对生活难题，因为他们认为生活对自己的要求太苛刻。这部分人大多曾是被溺爱的孩子，从小就只依赖于他人帮助。

还有部分孩子不愿起带头作用，而是需要听命于一位“领袖”——成人或是别的孩子。这种发展并不是很好，是奴性倾向的表现，最好尽量避免其产生。如果在童年时期没能制止住这种倾向，那么孩子长大之后也无法在社会工作中起到中流砥柱的作用，往往只会成为小职员，只会做那些被计划好的例行事务。

对工作的逃避、不在乎或者惰性等方面的错误，都源于早期生活。对于正在走向困境的孩子来说，需要用科学方式找出错误原因，并用科学方式努力修正。假如我们生活的星球什么都有，那人们便不需要工作，可能还会以懒惰为美，以勤劳为耻。然而，地球与人类的关系是那么复杂且奇妙，这注定了我们每一个人，都需要去工作、去合作以及去做出贡献。人类通过相互合作才走到今天，如果说早期是凭借直觉而已，那么如今则是得到了科学的验证。

天才与早期努力

童年初期的训练，在天才身上会表现得异常明显。天才身上所反映出的问题，对我们的研究会有很大帮助。所谓天才，通常是指那些为人类发展做出巨大贡献的人们，他们在人类文明史上留有重重的痕迹。譬如艺术，极富合作精神的天才为之所做的贡献十分突出，不断提升着文化的水平。

在《荷马史诗》中作者荷马只用了三种颜色，却表现出了所有颜色的深浅及微小差别。视觉对颜色的分辨和定义是怎样开始的？不得不承认，这是画家伟大的贡献。作曲家也是一样，不断锻造着人类的听力水平。人们不再使用那些原始的曲调，而是更喜欢和谐美妙的旋律，这都是作曲家的功劳。还有，是谁在促使人们更加深刻地表达情感？是诗人，是他们丰富了人类的语言文化，让语言文字更加乖巧适用。

天才推动着人类的精神文明发展，提高了人们听说读写的能力。显然，他们是乐于合作的群体，尽管我们从他们的言行举止或者想法观点中看不到这一点，但是从他们的整个人生轨迹中清晰可见。实际上，比起普通人来，天才更难参与合作，因为他们总是走在最为艰难的道路上，需要面对无数的艰难险阻，比如一开始就需要面对身体缺陷，是的，几乎所有的天才生来就不完美。然而，人们总是得出这样的结论：他们历经磨难，却坚持不懈，终于摆脱了困境。还有一点很值得注意，天才大多在很早的时候便拥有广泛的爱好，并从童年时期起就开始刻苦训练，磨炼自身的判断力，让自己更加清晰地面对和理解这个世界的各种问题。这样的早期训练足以证明，天才的不凡才能不是上帝所赐，而是他们自己努力缔造，艰苦奋斗得来的。

才能的培养

早期的努力为后期的成功打下了坚实的基础，这毋容置疑。一个三四岁的女孩被独自留在家里，她打算给布娃娃做一顶帽子。在她干活的时候，如果人们能告诉她什么样的帽子更好看，以及如何才能制作得更好，那么女孩一定会大受鼓舞，加倍努力去提高自己的手工技巧。但如果人们对她嚷嚷："快把针放下，你会扎到自己的。你不用自己做帽子，我们可以去买一顶，还比你自己做的好看得多。"女孩便会选择放弃。对比这两种情况，不难发现：第一种情况能够激发孩子的艺术创造力，让他们更加喜欢工作；第二种情况让他们不知所措，然后认同了大人们的想法，自己动手没有用。

童年宣言

假如孩子在童年时期就拥有了某种职业梦想，那么此后的发展就会简单许多。当我们询问孩子，长大之后想做什么样的人时，大多数孩子都可以给出一个答案，但往往未经充分思考。比如有的孩子说想当飞行员或者司机，其实他们并不太清楚自己为什么要这么选择。而我们的任务就是，找出他们的潜在动机、努力方向和目标以及推动的力量，并给出实现目标的方法建议。有的孩子没有明确回答出问题，只是概况地表达出某种自认为很优越的职业，就算是这样，我们也可以从中寻觅到帮助他们实现个人目标的其他途径。

到了十二三岁，孩子对自己喜爱的职业会更加清晰。这个年纪的孩子，如果还没想过以后要干什么，那真的有些悲哀了。虽然看起来缺乏志向，然而实际上他并不一定毫无想法。他可能很有野心，却不够勇敢，不敢说出来。遇见这样的情形，我们应该尽力帮助他找出兴趣点，并加以培养。有部分孩子直到高中毕业也没想清楚自己未来要从事什么职业。很奇怪，这部分孩子通常都是优等生，却对生命不知所措。这样的孩子志向高远，但无法踏实地与人合作。他们在社会分工中找不到令自己满意的位置，这意味着他们没有办法通过有效的途径来实现野心。

早一点关注孩子的职业倾向是很有益处的。经常在班级上抛出这样的问题，孩子就会去思考，从而记住和展示出自己的想法。还可以问问他们为何会选择某种职业，得到的答案总会给人们很大启发。无论什么样的职业选择可以显现出孩子全部的生活方式。职业不分贵贱，只要工作认真，把时间用在有意义的事情上，所有职业都同等重要和有益。而任何一位劳动者的主要任务都是，在社会分工中锻炼自己，自力更生，朝着梦想努力。

大部分成年人的兴趣依然会受到四五岁时所形成的目标的影响，从来没有改变过，然而生活就是这样，他们由于经济压力或父母施压，被迫做着自己并不喜欢的工作。尽管如此，这也反映出童年时期的影响所在。

早期记忆

在进行职业指导的过程中，我们应该认真研究和考量人们的早期记忆。如果早期记忆反映出孩子视觉敏锐，便可推断出，这类孩子未来适合从事视觉相关的工作；如果反映出其听觉敏锐，可以预测他们比较适合做音乐相关的工作；如果反映出其对动作的回忆偏好，这说明他们渴望运动，可能比较适合从事体力劳动或四处奔波的工作。

表演游戏

如果认真观察，我们能够发现，孩子们常常都在为未来职业做准备。有些孩子对机械类或技术类事物表现出极大的兴趣，稍加培养之后，便能为未来事业的成功增加砝码。我们可以从孩子的游戏中看出他们的关注点。有的孩子会把一群更小的孩子召集到自己周围，组织起上课的游戏，这说明他可能很想成为老师。

有的女孩很喜欢和洋娃娃一起玩，这说明她们有当妈妈的潜在愿望，并已经开始培养自己对小孩的关注和兴趣。当然，我们不必担心，这种扮演母亲的游戏是值得鼓励的。可能会有人认为，这样的游戏让孩子们与现实脱节了，其实并非如此，她们是在训练自己去认同并学会承担母亲的职责。对女孩来说，这个过程十分重要，如果不能从小培养，她们的关注点会有走向其他方向并定型的可能。

总之，母亲对人类社会来说是功不可没的。她们关心孩子们的生活，为他们的未来之路披荆斩棘，努力让他们成为对社会有用的人，积极拓展他们的兴趣和关注点，培养他们的合作能力与合作精神，母亲的使命无人能及，无以为报。然而在我们的生活中，母亲做所的付出常常被忽视，被认为是没有价值的。是的，这样的付出无法直接产生收益，而全职主妇在经济上也总是得依赖家人。然而，一个幸福美满的家庭，孩子对母亲工作的依赖，和对父亲工作的依赖是一样的。任何一位母亲，不论是全职主妇还是职业女性，她的工作和丈夫的工作同等重要。

影响职业选择的因素

在毫无准备的情况下遭遇疾病或面对死亡的孩子，常常会对这些事情滋生出强烈的兴趣。他们希望能成为医生、护士或者药剂师。他们的努力应该受到鼓励，因为具有这类志趣并最终成为医护工作者的孩子，往往很早就开始训练自己，并始终十分热爱这份职业。有时候，对于面对死亡的经历还存在别的弥补方式，比如有的孩子会寄希望于通过艺术或文学上的创作获得永生，也有可能会对宗教表现出异常的虔诚。

最容易被我们看到的努力方式是，尽力赶超家人，尤其是父母。这是极具价值的，人们很乐意看到青出于蓝而胜于蓝。并且，倘若孩子希望在父亲从事的行业里获得比父亲更高的成就，那么在一定程度上，父亲的经验可以让他拥有非常好的开端。比如父亲是警察，那么孩子从小的志愿很可能是律师或法官；父亲在医院工作，孩子很可能想当医生；父亲是老师的话，孩子很可能想成为大学教授。

在家庭生活中，如果我们过分强化了金钱的价值，那么孩子便只会以“赚钱多少”来评判一份工作。显然这是不正确的，因为这样的追求并不能让孩子产生有益于社会的兴趣。任何人都需要自谋生存，当然也有人“忘记”了这一点，令自己成为了他人的负担。但对于一个孩子来说，如果只是对赚钱感兴趣，就很容易忽视了合作，眼中只有一己私利。一味地想着赚钱，对社会没有丝毫兴趣，叫他怎么不去偷不去抢呢？就算不至于如此极端，个人目标中还残存着些许社会兴趣，这种人即使坐拥再多钱财，其行为活动对他人也很难有益处。在当今这个千奇百怪的时代中，走这条路很可能会变得有钱，获得胜利，是的，我们不得不承认，在某些事情上，即便是歪门邪道有时候也会显得成功。我们无法保证一个秉持着正确理念度过一生的人一定会功成名就，但可以保证他们会心怀勇气，自尊永在。

解决方法

帮助问题儿童的第一步，是要找到他们的主要兴趣是什么。在这个基础上，鼓励和帮助他们就会令我们从容很多。针对职业未定的年轻人，或是职场失意的中年人，应该找到他们真正的兴趣所在，从而帮他做出职业指导，且努力帮助其找到或重返工作岗位。说起来容易做起来难。如今失业率居高不下，备受关注，当人们正努力地想要提升合作能力之时，这样的环境很不利。所以我认为，任何意识到合作重要性的人，都需要尽力去创造“没有失业者”的环境，让每个想要工作的人都有事可做。

对职业学校、技术学校以及成人教育的持续发展，可以改善我们目前的处境。很多失业人员是从未接受过训练的，并无一技之长，其中有的人可能还对社会生活缺乏兴趣。这些未经训练的社会成员以及对社会利益不感兴趣的人们，对人类而言可以说是很大的包袱。他们认为自己一无是处，所处位置极为不利，所以我们不难理解，为什么很大比例的罪犯、神经症患者以及自杀之人都是不学无术之人——因为他们缺乏训练，落于人后。父母和老师以及所有关心人类发展与进步的人，都应该努力保证孩子能够获得更好的训练，让他们做出充足的准备，以便为将来在劳动分工中占据特殊的席位。

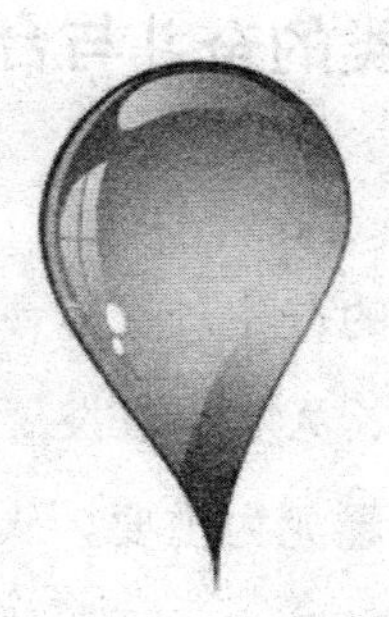

第十一章　个人与社会

人类的奋斗与合作

人类历史上最古老的奋斗，就是寻求与他人合作并达成统一。依靠对他人的兴趣，人类得以发展和进步。在家庭为单位的圈子里，对他人的兴趣尤为重要。从远古时期开始，人类便逐渐把自身圈定在家庭范畴中，原始部落常利用一些通用的符号团结起来，获取某种共同的身份感。这类符号最终的目的就是，将人们团结起来进行合作。

宗教的作用

最简单最原始的宗教是图腾崇拜。有的部落会崇拜蜥蜴，有的则崇拜公牛，或者蛇。崇拜相同图腾的人们生活在一起，相互合作，情同手足。这种原始的习俗是人类进行和维持合作最伟大的“发明”之一。我们可以想象，他们在原始宗教的节日仪式上，崇拜蜥蜴的人们和同伴讨论着收成，商量着怎样抵御猛兽或天灾——这也是庆典的意义。

那个时期，婚姻被看作事关整个部落利益的大事件。按照规定，每个人的配偶都必须是自身部落之外的，图腾崇拜不同的人。即便走到当今社会，婚姻爱情也不是个人化的事，而是人类的共同事务，需要心灵与精神的参与，这一点异常重要。婚姻意味着一定程度的责任，而这种责任源自社会的寄托。社会总是期望人们能生出健康的孩童，并通力合作将他们养大。所以，任何人都理应乐于帮助每一段婚姻。在现在看来，原始社会的制度、图腾崇拜以及约束婚姻的条例，或许显得有些可笑，但它们在各自的时代中，都发挥着极其重要的作用，一切目的都是为了促进人类的合作。

宗教对人们的职责提出要求，其中最重要的便是“爱你的邻居”——用另一种途径激发自我对他人的兴趣。有意思的是，这种努力的方式得到了当今科学的肯定。被溺爱的孩子会问：“我为何要爱我的邻居？他们有没有爱我？”这是缺乏合作训练的反应，他们只对自身产生兴趣。这些对他人毫无兴趣的人们，在社会生活中会有大麻烦，会对他人造成困扰，甚至是最严重的伤害。人类历史上所有的失败者都源自这个群体。很多宗教和政治运动推动合作的方式都很自我。在我看来，只要把合作锁定为目标，就没必要相互争斗、谴责和贬低。没有谁是拥有绝对真理的幸运儿，世间一切道路都只通往——合作。

政治运动和社会活动

众所周知，对政治问题而言，就算是最好的方法也有可能遭受非议和诋毁。在政治上，一旦缺乏合作精神，没有谁能获得任何成就。所有的政治家都需要将人类进步作为奋斗的最终目标,这意味着需要很高的合作精神。我们无法断定哪位政治家,或者哪些举措带来了真正的进步，每个个体都会依照自身生活方式给出答案。如果某个政党能促进人们在其日常生活中愉快合作,我们就完全没有去憎恶其行为的理由。社会活动亦复如是。倘若这些活动的组织者和参与者，是想要把孩子培养成优秀的社会成员，我们就不应该反对。同样的，班级活动也是团队的合作。只要这些活动都以推动人类进步为目标,就不应受到偏见。

所以，我们对所有政治运动和社会活动的判定，都应该基于它们对人们合作能力的提高程度。有利于增强合作的途径有很多，有的稍好一些，有的稍弱一些，但只要是以合作为目标,人们就不必认为某种方式不是最好的，从而发起攻击。

缺乏兴趣和沟通障碍

自私自利

不愿与人合作之人的态度，来自于他们只以一己之利为动力。这样的态度会阻碍个体和集体的进步。只有对他人充满兴趣，人类的各种能力才能得到发展。比如听说读写等行为的前提条件，都必然是与他人产生联系。语言是人类共有的事物，是社会兴趣的产物。理解是人与人之间的事情，是一种期望“他人也能如此”的领悟方式，而非个人作用。它让人们通过某个共享的媒介彼此联系，并遵循人类的共同经验。

一部分人明显地跟从个人兴趣，寻求个人的优越地位。他们赋予生活的意义是自私的，认为生命应该只为个人利益而存在。当然，这绝不是人类的共同理解，在整个人类社会中不会得到赞同。于是，这些人就无法与他人产生联系。被教育成以自我为中心的那些孩子，脸上总带着某种卑劣或空洞的神情，如同罪犯和疯子。他们的视线不与人接触，他们看待世界的方式与人不同。有的时候，这些孩子或成年人压根就不会正眼看人，常常转移视线，四处张望。

精神障碍

很多神经症症状都反映出患者无法与人合作，譬如强迫性脸红、口吃、阳痿以及早泄等，都异常明显地暴露出患者无法和别人发生联系，对他人缺乏兴趣。

最高程度的孤僻表现为神经症，令患者无法激发起对他人的兴趣。神经症不是“绝症”，很多症状都能得到医治，自杀除外。神经症患者与其所处社会的距离很遥远，对他们进行治疗需要极大技巧。我们必须要争取到患者的合作，运用最具耐心和善意的方式对其进行治疗。曾有一次，有人拜托我尽力治疗一位患上早发性痴呆症的女孩。她患病已有八年，最近两年一直待在精神病院。她常常像狗一样狂叫，吐口水、撕衣服，还会吃手绢。显然，她已经脱离人群，对他人毫无兴趣。她宁愿扮演成一只狗——她认为母亲对待自己就像是对待一只狗——她在表达：“我见的人越多，我越想成为一只狗。”我在她面前讲了八天的话，她始终一字不说，而我计划继续讲下去。过了一个月，她开始模糊地说话。我的友善鼓舞了她。

然而对于这类患者，尽管受到鼓舞，却仍然没有自己解决问题的勇气。女孩照例对其他人表现出强烈的抵制。某种程度上来说，我们可以推测出，就算她重获了勇气，也依旧不愿与人合作。她跟问题儿童一样，会尽力让人讨厌自己，会粉碎一切手边的东西，甚至打护士。我再次和她谈话时她就打了我。我需要考量如何应对这一状况，而能令她吃惊的唯一方式就是毫不还手。女孩的体力并不好，我友善地看着她，任凭她打我。这显然在她的意料之外，她的挑衅失败了。

她内心的勇气开始复苏，但她却不知如何处理，于是打碎了窗户，用玻璃划伤了手。我没有指责她，只是默默地替她把手包扎好。很多时候，人们应对此类暴力事件最普遍的方式就是把施暴者关起来，锁在屋里，这是种极其错误的解决办法。如果是真心希望能帮助到这些群体，我们需要找出别的应对办法。想让精神病患者能与常人一样行为处事，这个想法本身就有问题。很多人对精神病患者都会感到恼怒，因为他们的反应非常人所为。他们会断水绝食，撕裂衣物等等，我想说，想帮他们，那就让他们这么去做吧，别无办法。

自那次“自残”之后，女孩逐渐痊愈。一年之后，她依旧健康。某天，在去曾经收容过她的精神病院的路上，我们重逢了。她问我：“您做什么去？”我说：“跟我走，我正要去那个你曾经住过两年的医院。”于是我们一起来到医院，见到了她的治疗医生。我在去探访另一个病人前，建议医生和女孩聊聊天。我探访回来，医生迷茫地跟我说：“她很健康，不过有件事我不太高兴，她不喜欢我。”此后十年，我仍在继续关注着这个女孩，值得高兴的是，她一直很健康，能够自力更生，与人为伴，见过她的人们都不相信她曾患有精神病。

我们从忧郁症和狂想症的病症中，也能清晰地看出患者与他人的距离感。狂想症患者会控诉所有人，认为每个人都在密谋反抗自己；忧郁症患者则会控诉自己，比如“我毁了整个家”“我丢了所有钱，孩子们都饿死了”。虽然表面上他们是在控诉自己，但本质上还是在控诉他人。

有一位颇具影响力的著名女士，在遭遇一次意外之后，社会生活被迫终止了。她的三个女儿都已嫁人，这令她深感孤单，于是开始出国旅行。然而，她始终感觉自己不再像从前那样重要，因此在国外旅行时患上了忧郁症，于是那些新朋友们也渐渐远离她。

对于患者本人和相关的人而言，忧郁症是一个非常严峻的考验。这位女士发电报给女儿，希望她们能去过一趟，然而她们都以为这只是个借口，谁都没去看望她。回到家之后，她说的最多的却是：“我的女儿们对我实在太好了。”女儿们给她请了一位护士照看她，依旧让她独自生活，只是偶尔去看一下她。女士的话其实是在控诉，所有了解真相的人们都这么想。忧郁症的症状就是这样，长期对他人表示愤怒和谴责，为了获得同情、照顾和帮助，即便患者表面上只对自己的过失感到悲哀和沮丧。这类患者的早期记忆一般会类似于：“我想躺在沙发上，但哥哥已经躺在那儿了，我使劲哭闹，他不得不离开。”

这些患者总会倾向于采用自杀的方式以示报复，所以治疗的首要工作就是为他们找到一个理由，打消他们自杀的念头。为了解除他们的紧张感，我所采用的办法是用治疗的第一原则进行建议——绝不要去做任何你不想做的事。看上去很简单，实际上它触及了问题的根本。让忧郁症患者随心所欲，他们还能控诉谁？报复谁？“如果你想去剧院，或者去度假，你就去吧，如果在路上忽然不想去了，那就不要去了。”我对那位女士说。

这无疑是人们所能寻求到的最好处境，满足了内心对优越感的需求，像上帝一样，随心所欲。这和患者的生活方式并不吻合。他们想要操纵别人，控诉别人，一旦别人表现出迎合，那他们就一点办法也没有了。这种办法很有效，我的患者中还没有出现过自杀的。当然，这样的患者最好还是被人看护起来，只要有人在一旁看着，他们就不会发生什么危险，然而，在我的患者中，依然有部分没有得到我所期望的密切看护。

对于我的建议，会有患者回答，“可是我什么都不喜欢”。这并不会令我慌乱，类似的话，我早已听过无数次，于是我说：“那就不要做任何你不喜欢的事。”还有的时候，患者会告诉我：“我想整天都待在床上。”如果我同意，他又会不想这么做，如果我制止，他就会开始反抗。我总是会答应他的要求，这是种策略。

和攻击他们的生活方式相比，还有一种方式更为直接，我会告诉他们：“依照这个处方，在两个星期内你就可以康复，那就是，每天都想一想，自己如何才能让别人高兴。”这对他们来说，意味着什么呢？一般来说，他们总是在纠结怎样才能令别人烦恼。对于我的处方，患者们的反应会很有意思，有的人会说：“这有什么难的，我一直都在这么做。”实际上，他们从来没有这么做过。我希望他们能认真思考，但他们并没有。我对他们说：“如果睡不着，就把所有时间都用来想想，怎么才能让别人高兴，这样的话，你的病情能得到很大改善。”第二天我会问他们：“你想清楚了吗？”当然，我必须用真诚且友善的方式来表达，不带一丝优越感。

有的人会回答：“昨天晚上一上床我就睡着了。”还有的人会说：“我绝不会那么做，我很烦。”我告诉他们：“就算没法丢掉烦恼，你也可以偶尔想想别人啊。”再次把他们的兴趣引到他人身上。很多患者都会问我：“我为什么要想办法让别人高兴？别人也没有尽力让我开心啊？”我说：“你这么做是为了自己的健康，如果不这么做的话，你自己以后会吃苦头。”当然，很少患者会回答：“我认真思考了你的话。”我所做的一切，都是在帮助患者增强社会兴趣。我深知，他们的病根是缺乏合作精神，我希望他们也能看清这一点，当他们懂得了如何与人平等合作，病也就好了。

过失性犯罪

缺乏社会感所引发的另一种明显表现是“犯罪性疏忽”。譬如，一个人在森林里丢下一根火柴，引发了一场大火；一个工人下班归家时，将一根电缆横亘在路上，一辆车压过去后车毁人亡。对于这两起灾难的发生，罪犯本人都没有害人之心，在道德上似乎也并无罪过，但显然他们没有学会替他人着想，不会自发地注意保护他人安全。这种高度缺乏合作精神的情况，我们还能在邋遢的孩子、踩人脚的人、摔碗碟的人以及敲击壁炉装饰的人身上看到。

社交与平等

孩子在学校和家庭里都被教导过，应该多关注他人，但在成长过程中可能会受到阻碍。如果说社会感并非来自遗传，但社会情感的潜能却与遗传密切相关。这种潜能的发展和父母的技巧、父母对孩子的兴趣以及孩子自身对所处环境的判断相一致。若是孩子认为他人都怀有敌意，周围都是敌人布下的陷阱，那就别指望他能结识友人，成为他人好友。若是他认为他人理应是自己的奴仆，就不会去想要帮助他们，而只是想控制他人。若是他只关注自身感受，就会成为与世隔绝之人。

我们已经阐述过，如何才能使孩子感知到自己在家中受到了同等的关注，如何才能让孩子轻松地关注他人。父母自当公平相待，也应该和外界环境保持亲密友好的关系。从而，孩子们才会认为家里家外的人都是值得信任的。孩子在校园生活中也应该认识到自己是班级中的一员，是其他同学的朋友，并信任彼此之间的友谊。家庭和校园的生活都是在为未来更加广阔的社会生活做准备，目的是培养孩子的社会感，未来能让他们更好地融入社会生活。只有这样，孩子才能够勇敢地信心百倍地面对生活难题，并找到有益于他人幸福的途径。

当一个人能够成为众人的好友时，并通过有效的工作和幸福的婚姻为社会贡献价值，他就不会认为己不如人，或遭遇失败了。相反，他会感到世界充满友善，这个地方如此轻松惬意、可以遇见自己喜欢的人、可以轻松地应对各种困难，他会想："这是我的世界，我需要计划起来，行动起来，不能静坐观望。"他很是明白，自己历经的时代只不过是人类历史长河中短短的一段，而自己正处在人类进程之中，自己只是人类过去、现在和未来的一部分，正处在可以去创造性地工作，可以为人类发展做出贡献的时代。无疑，邪恶、困难、偏见和灾难确实还残存于世，但这正是我们的世界啊，所有的好与不好我们都得全盘接收。我们工作于我们的世界，我们要改善我们的世界，我们相信，只要运用正确的方法，人人都能完成任务，为改善世界尽一份力。

无论怎样，我们都必须以合作的形式，负担起解决三大生活难题的责任。对一个人所有的要求以及对一个人最好的评价，莫过于他在工作上是位好同事，在爱情中是位好恋人，在婚姻中是位好伴侣。总之，他应该要证明自己是一个有价值的存在。

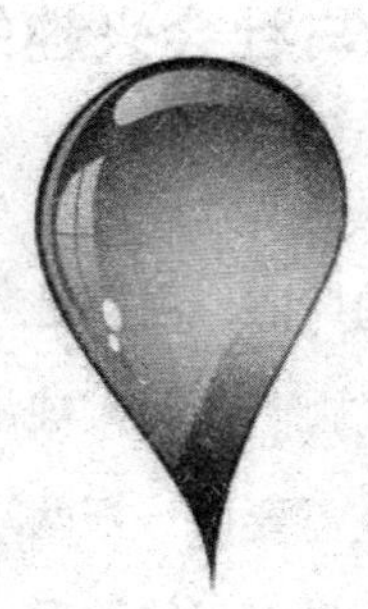

第十二章　爱情与婚姻

爱情、合作与社会兴趣的重要关系

德国某地有种古老的风俗，主要是考察订婚男女能不能适应婚姻生活。在进行婚礼前，两位新人被带到一块空地，空地上有棵被砍倒的树。两位新人需要用一把两端都有柄的锯子，相互配合把树干锯成两段。这么做无疑能够看出两人彼此合作的意愿到底到了哪个程度。锯树干是两个人的任务，若是双方彼此不默契，不管怎么拉锯都不会有结果。如果一方想充当主力，全部由自己一人来锯，就算另一方默认，那这项任务也会事倍功半。双方都必须积极主动，协调配合才能完成任务，这说明这些德国村民很早就已经认知到了，婚姻的首要前提是——合作。

若是有人问我，爱情与婚姻到底意味着什么？我会做出这样的回答，尽管这回答可能并不完美：爱情以及它的成果婚姻，都是对伴侣的全心付出，表现在身体吸引、伙伴关系以及生养后代的决策中。爱情与婚姻对人们而言必不可少——这种合作不仅有益于两人的幸福，更有益于全人类的幸福。

我们说爱情与婚姻其实是为了人类幸福而进行的合作，这种观点有助于说明本书课题的各个方面。比如身体层面的吸引——人类延续最重要的推动力——是必不可少的。我在前文提及过，人类受限于各种弱点，其实并不能完全适应地球生活，人类生命的延续只能依靠繁衍，因此人们自然就拥有了生育能力以及不断感知身体吸引的能力。

在当今所有的爱情里，存在很多困难和纷争。这些问题不仅已婚夫妻要面对，长辈会关注，就连社会也无法回避。我们若要寻求正确的解答，就必须运用客观中立，毫无偏颇的方式，尽力忘掉所有已知和已尝试的办法，全面且自由地进行探讨，不受任何顾虑的影响。

我们不能把婚姻爱情的问题作为完全独立的命题来进行判断和解析。没有人可以，只基于自我观点找到这个问题的解决方法。实际上，任何人都受到了某些既定的束缚，只能在特定的限制下去发展，也必须在限制的范畴内做出决策。我们已经深知这三重束缚主要来自于：我们生存在宇宙特定的区域，发展需尊崇环境的制约和可能性；我们生活在人群中，需要学会调整自我适应他人；我们男女有别，人类的未来需要依赖良好的两性关系。

显然，当一个人关爱他人，关心人类幸福时，他所做的一切便都会照顾到他人利益，他便会尽力去解决婚姻爱情中的问题，仿佛这些问题事关自己幸福一般，尽管他并不一定“清楚”

自己是在这么做。若是问起他，或许他也无法客观地表达出个人目的，但他能够自发地去追逐人类幸福与发展，这样的兴趣在其全部行为中会得到显现。

而有部分人却不是很关心人类幸福。“我能为别人做些什么？”“我如何才能成为集体的一部分？”这些问题从来就不是这些人潜在的人生观，正相反，他们会想：“生活能带给我什么？别人充分关注到我了吗？我有没有被欣赏？”假如一个人使用这样的心态来面对生活，那么在处理爱情婚姻的问题时，也会拼命采用同样的方式，只会问：“在这场爱情或婚姻里，我能得到什么？”

有些心理学家认为爱情是种自然效用，其实不然。如果说性的欲望是一种驱动力，一种本能，但爱情和婚姻绝不仅是为了满足这种驱动力。不管怎么说，我们认为这些驱动力和本能都已得到发展，是文雅且高尚的。人们会抑制某些欲念和意愿，比如，为了他人利益，我们会选择避免触犯对方，并进行得干净利落。就连饥饿也并非单纯的自然欲求，因为人们逐渐拥有了高雅的口味和进餐的礼仪。人们的驱动力和共同文化已相适应，反映出人们为人类利益和社会生活所做的一切努力。

在理解爱情婚姻的问题时，我们不难看到，它一直牵扯着对他人的兴趣和对人类的兴趣。这是种基本的兴趣，需要意识到爱情婚姻问题只能通过全面考虑人类幸福而得到解决，否则讨论其任何层面，做出任何妥协，建立任何新规则和机构等，都是白费功夫。或许我们可以去改善，或许可以找到更完美的答案，实际上只要是比从前稍好的答案就算是进步，因为这代表了可以更加全面地考量到：人类生存于地球，构成于两性，延续于合作。只要是考虑了这些条件的答案，真理便永存其间。

平等的爱侣

针对爱情问题运用这个方法时，我们的第一个发现是：爱情是两个人的事。对于大多数人来说，这一定是个全新的理念。人们所接受的早期训练，有的是针对独立工作，有的是针对与人合作的工作，但针对两性合作工作的训练，相对来说少之又少。这些状况带来了一个问题，假如男女双方都关注他人，这个问题就能迎刃而解，因为他们能很迅速地对彼此产生兴趣。

想要深入了解爱情中的合作关系，男女双方都应该爱对方胜过爱自己。这是爱情与婚姻成功的唯一基础，也让我们很容易看出当今社会各种婚姻理念以及改革措施所犯的错误。当双方都爱对方胜过爱自己时，两个人在婚姻中一定是平等的，一旦建立起这样亲密无间的联系，彼此忠诚，那么绝不会有任何一方会感到压抑或受压制。是的，只有双方都秉持这个态度，才可以真正实现平等。双方都理应尽力让对方生活得惬意，这样的话，就都能获得安全感和价值感，感到彼此需要。婚姻的基本保证和幸福意义就在这里：感受到自我价值，自己是独一无二无可取代的，无论是被伴侣所需要，还是自己的所作所为都很正确，自己是个不错的伴侣，真诚的朋友。

在婚姻的合作中，不能有任何一方处在屈从的地位。若有一方想控制另一方，强迫对方服从，那么两人是不可能过上共同的幸福生活的。我们这个时代，很多男性（其实还有很多女性）都坚定地认为：男人应该起主要作用，应该去控制，去发号施令，男人是主人。在这样的观念下，出现了很多糟糕的婚姻。谁会无怨无恨地坦然接受卑劣的地位。夫妻之间需要平等，只有平等相待，才能找出克服困难的办法。在生育孩子的问题上，夫妻双方会达成一致，我想他们应该清楚，如果选择不生孩子，似乎是在表示自己不愿意为人类延续做出努力。在教育问题上他们也会达成一致，在问题出现时便尽快解决，因为他们明白不能让孩子身处险境，妨碍其发展。

婚前准备

眼下，很少有人真正为合作做好了充分的准备。教育太偏重个人的成功，太偏重向生活索取，而非付出。这不难理解，两个人缔结了婚姻所要求的密切关系，不论哪个方面的合作失败，或关爱他人的能力缺失，都会引发相当严重的后果。多数人都未曾经历过这样的亲密状态，还不习惯去考虑对方的兴趣、意愿、欲望、期待和抱负，还没有准备好着手解决“共同任务”的各种问题。这种情况便解释了很多常见的错误，我们应该认真审视这些现象，学以致用避免再错。

生活方式、父母及其婚姻态度

我们在成人生活中所遭遇的一切困难，都和早期训练相一致，因为我们始终在用自己的生活方式应对。比如婚前准备这件事，就不是一天两天就能做好的。从孩子的态度、想法和言行举止等各方面的特征中，能看出他们在如何训练自己，对成人环境做出迎战准备。通常在孩子五六岁时，人们个性中对爱情的处理模式就已经固定了。

人们在童年时期就已经形成了自己的爱情观和婚姻观。千万不要以为孩子是在感受成人意义上的性冲动。孩子意识到自己是社会生活的一员，他对社会生活的某个方面便会形成一个观点，仅此而已。爱情和婚姻是其处境的某个方面，便会被他纳入自身对未来的构想之中。他需要对它们有所理解，并保持某个立场。

孩子会在很小的时候就对异性产生兴趣，并挑选心仪的对象，不要认为这是犯了错、是瞎胡闹，或者是早熟，是性冲动，更不能对此进行讽刺和嘲笑。他们正在为爱情和婚姻做准备，并向前迈出了一步。不要认为爱情微不足道，而应当尊重孩子的想法——这是个奇妙的挑战，应该为此做出充分准备，并为了人类利益接受这个挑战。如此一来，孩子的心灵便被种下了一粒理想的种子，在未来生活中，就能准备充分，彼此之间以朋友相待，形成亲密的关系。婚姻并不总是和谐圆满的，但这种家庭里的孩子依旧会全心拥护一夫一妻制，这对我们极具启发性。

当然，如果父母的婚姻幸福美满，孩子们的准备就会更加充足。父母的生活给孩子留下了对婚姻的最初印象。在我们的生活中，大多数失败者都生长于破裂的家庭，或者遭遇不幸的家庭里，这并不奇怪。父母无法合作，又怎么能教会孩子合作。判断一个人适不适合结婚，最好去看一看他的家庭气氛，看一看他对家人的态度，最重要的是，看一看他对爱情和婚姻的准备源自何处。当然，在这个问题上一定要谨慎作答。对一个人评价，并不取决于他的处境，而是他对处境的诠释。这些诠释都是很用的信息。他的父母或许过着不太愉快的家庭生活，但他却把这种情况视为某种激励，在家庭生活中更加用心，这意味着他在积极地为结婚做准备。显然我们不应该因为某个人有着不幸福的家庭生活，而认定他不适合婚姻并拒绝他。

友谊与工作的重要性

友谊，是社会感的表现之一。在友谊中，我们学着用他人的眼光来观察，用他人的耳朵来倾听，用他人的内心来感受。我们总是习惯于对遭受挫折的孩子严加看管和保护，却没有意识到，在孤单中成长的他，没有朋友没有伙伴，更没有与人合作的能力。他始终坚信，自己就是世上最重要的人，迫切地保护着自身利益。

对友谊的训练同样也是一种婚前准备工作。如果某个游戏包含了与人合作的练习，那么便是有益的，不过我们经常发现，孩子在游戏过程中，只会一心想着竞争和超越。为孩子创建一起读书、学习以及劳作的环境，是非常重要的。比如，跳舞，是不应该被低估的娱乐活动，它需要至少两个人的齐心协力。当我们教会孩子最简单的舞步，就会发现这对他们的发展大有裨益。

另一个对婚前准备有所帮助的事情便是工作。大多数时候，人们在面对爱情与婚姻之前，就已经开始面对工作的难题。夫妻双方至少需要一个人是拥有工作,否则就无法养活家庭。显然，婚前准备一定包括工作。

性教育

我从不鼓励家长过早地向孩子解释性和身体方面的问题，或者给孩子说太多他们还不想知道的东西。小孩看待婚姻问题的方式显然十分重要。如果这件事处理不当，他会把这些事情视为危险，或认为自己无法胜任。据我的经验，在四到六岁这么小的时候就知道了成人关系的小孩以及有过早熟经验的小孩，他们在以后的生活中往往会更加害怕爱情。身体吸引对他们来说也是一种危险。如果小孩在较为成熟之后才得到初次的解释和经验，他便不会这么害怕，他在这种关系中犯错的机会也要少得多。

问题的关键在于决不要欺骗孩子，不要逃避他的问题，而要理解其问题的含义，向他解释他希望了解的东西以及我们确信他能理解的东西。过分殷勤地灌输性知识会对孩子造成巨大伤害。这个生活难题和其他问题一样，最好是让孩子自主地学会通过询问来获得自己想要知道的东西。如果他和父母彼此信赖，他不会受到任何伤害。

有这么一种常见的迷信，认为小孩会从同龄人的解释中受到误导。受到良好的合作和独立训练的小孩，他们决不会受到这些玩笑打闹的伤害。我从未见过健康的小孩这样受到伤害。孩子不会盲目轻信同学告诉他的一切。大多数孩子都爱吹毛求疵，如果不确定听到的东西是否真实，他们会问父母或兄弟姐妹。我还必须承认，在这种事情上，我发现小孩往往比他们的长辈更灵敏、更机智。

对配偶抉择的影响因素

即使是成人性生活中的身体吸引，其启蒙知识也是在童年期学到的。小孩对于爱怜与吸引的印象、对于周围异性给予他的印象——这些就是身体吸引的启蒙知识。一个男孩从母亲、姐妹以及周围女孩那里得到这些印象后，他在以后选择身体上有吸引力的人，就会看她们是否与自己早期环境中的这些人有相似性。有时候，他还会受到艺术作品的影响。就这样，每个人都会受某个人审美观念的影响。因此，从广义上说，一个人并没有选择的自由，而只能受教养的影响来进行抉择。

对美的追求，并不是毫无意义的追求。我们的审美情绪总是基于对健康和人类进步的渴望，我们的所有机能，所有能力，都会把我们吸引到这一方向。我们无法逃避这一点，我们视为美丽的东西，是会永垂不朽的东西，有利于人类利益和人类未来的东西，我们希望孩子未来会向美的方向发展。这就是永远吸引我们的美。

有时，如果男孩与母亲相处不和，或女孩与父亲不和（这在合作不甚愉快的婚姻中往往发生），他们在以后便会找与父母相反类型的人。例如，如果一个男孩的母亲老是责骂他，而这个男孩又很软弱，害怕受到控制，他只会去关注那些表面上不张扬的女人。如果他很容易犯错，他可能会找一个表面强壮的妻子，因为他喜欢力量，或者他觉得她是能证明自己的力量的更好的挑战。如果男孩和母亲之间的裂缝极宽，他对爱情与婚姻的准备便会受阻，甚至异性对他而言会毫无身体吸引力。这种阻碍有许多种程度。一旦到达最厉害的程度，他就会完全排斥异性。

婚姻的承诺与责任

若是一个人只是知道追逐个人利益，那他所做的准备会很差劲。他在成长的过程中，只会时刻考虑能从生活中得到怎样的快乐和刺激，只会要求获得自由和他人的妥协，而从未想过如何令伴侣过得轻松满足。这样自然会引发不幸，简直是错误至极的处事方式。

所以，我们在为爱情做准备的过程中，不能只是找借口，或寻求逃避责任。存在疑虑和猜忌的伴侣关系是不会得到发展的。合作建立在一生的承诺之上，只有拥有坚定不移的承诺，婚姻才称得上是婚姻。承诺不仅包括生养子女的决策，还包括对孩子合作能力的教育和训练，并决定倾尽所能将孩子培养成对社会真正有用之人，对人类平等负责的一员。美满的婚姻是抚育下一代最佳的方式，任何婚姻都理应冲着这样的目标发展。其实婚姻也是一种工作，受法律法规的约束。如果只关注某一方面而忽视了其他方面，便会打破“合作”这一恒定的规律。

想象一下，若是人们限定婚姻只需承担五年的责任，视其为某个试验时期，那是不可能得到真正的亲密关系和忠贞爱情的。不论是男是女都为自己留了一条后路，那他们便不会对这项工作竭尽全力。对于生活中其他严肃且重要的工作，人们并不会设定什么“退出约定”，爱情更不能受到这样的限制。这个提议本是出于好意且本性善良的人，希望能替婚姻找到一些变通方式，却误入歧途。这些变通方式会削减夫妻双方的努力，让他们更轻易地选择退出，逃避这项工作的责任。

我明白社会中仍存在诸多问题，阻碍着人们正确解决爱情婚姻的难题，即便人们有心于此。不过，我们不应就此放弃爱情与婚姻，而应该努力消除这些社会问题。众所周知，美好的伴侣关系一定拥有这些特点：忠贞、正直、可靠、不墨守成规、不自私自利……

常见的遁辞

如果一个人认为一天之内便可看出一个人忠诚与否，很明显，他还没有做好结婚的充分准备。甚至如果夫妻双方都同意保留彼此的“自由”，那么他们也不可能形成真正的伴侣关系。这不是同伙关系。在同伙关系中，我们不能随意活动。从下面这个例子可以看到，这种对于个人的协议，完全不适合婚姻的成功和人类的幸福，而且会伤害到夫妻双方。有一对离过婚的男女又结婚了。他们都是受过高等教育的人，都衷心希望这次婚姻比前一次要美满幸福。可是他们并不知道第一次婚姻失败的原因，他们想找到一种更好的夫妻关系，但没有意识到自己缺乏社会感。他们自称思想开放、想拥有一种现代婚姻，这样便不会彼此厌烦了。因此，他们约定两人在一切事务上都完全自由，可以为所欲为，但是又必须彼此信赖，把自己的一切事情告诉对方。

在这一点上，丈夫似乎比妻子要勇敢得多，每次他一回家，便给妻子讲许多风流韵事。而妻子似乎也以此为乐，对丈夫的魅力也深以为荣。她自己也想去卖弄风情、有婚外恋，但每次行动之前，便会有公共场所恐惧症。她再也无法单独出门了，因为这种神经过敏，她只能待在家里。出门一步，她便惊恐万状，只能赶紧后退。这种恐惧症使她无法实现其决定，但它的意义远非如此。最后，因为她不能单独出门，她的丈夫只能陪在她身边。可以看出，这种关于婚姻的逻辑打破了他们的决定。丈夫再也无法成为思想开放者了，因为他必须陪伴妻子。她自己也无法享受自由，因为她害怕单独出门。如果要治愈这位妇女，应当迫使她对婚姻有个更好的理解，这位丈夫也要将婚姻视为一种合作的同伙关系。

有些错误在婚姻一开始便已铸成。在家里受宠的孩子，他在婚姻中往往会觉得受到了忽视。他还没有学会去适应婚姻的要求。爱宠的孩子结婚后会变成大暴君，另一方又会觉得受到虐待和束缚，而开始反抗。两个被溺爱的人结婚，会发生许多有趣的事。双方都要求得到关心和注意，双方都无法得到满足。下一步他们便会找一个脱身之法：有一方开始与第三者勾搭，希望这样能得到更多的关注。

有的人无法只与一个人恋爱，他们必须同时与两个人相爱。这样他们才觉得自由，因为他们可以从一个人那儿逃到另一个人那儿，永远不要负爱情的全部责任。事实上，脚踩两只船就是一无所有。

有的人会想象一种浪漫、理想、或不可企及的爱情，这样他们便可沉迷于感觉中，而不需在现实中找一位伴侣。浪漫的理想会排除掉所有恋爱对象，因为现实中没有什么爱人能达到理想水平。

由于发展中的错误，许多男女学会了讨厌，并且拒绝自己的性别角色。他们压抑了自己的自然机能，不经治疗的话，他们在身体方面便无法获得成功的婚姻。这一点已经提到过，就是我所谓的“男性崇拜”，这是由当今社会对男性的过高评价引起的。如果小孩不清楚自己的性别角色，他们便容易觉得不安全。只要人们认为男性的角色是支配角色，不管是男孩还是女孩，他们自然就会觉得男性角色令人羡慕。这样，他们会怀疑自己是否能胜任这一角色，过分强调男子气概的重要性，并且要竭力避免受到考验。

在当今社会中，我们经常会看到一些对自己的性别角色十分不适应的人。这可能就是女人性冷淡和男人阳萎的根本原因。在这些情况中，他们对爱情和婚姻的抗拒就表现在这种身体的抗拒中。这些问题无法避免，除非我们真正认为男女平等。只要一半人类还有理由对自身的社会地位感到不满，便说明婚姻难题仍然会受到巨大阻碍。补救方法就是要进行男女平等的教育，同时，应当让孩子完全清楚自己未来的角色。

我认为，如果婚前没有发生两性关系，人们便很容易获得亲密而忠诚的爱情和婚姻。我发现大多数男人私下都不喜欢自己的情人在结婚时不再是处女了。有时候，他们会把这种献身视为太随便，因此而大为震惊。并且在我们的文化中，如果婚前发生两性关系，女子的精神压力要比男子大。

因恐惧而不是勇敢而结婚，这也是一大错误。我们知道勇气是合作的一方面，如果男女出于害怕而去选择伴侣，这表明他们并不是真的想合作。如果他们选择酗酒或者社会地位和教育程度远不如自己的人，情况也是一样。他们是害怕爱情和婚姻，想要创造出一种受到伴侣尊敬的地位。

友谊对婚姻的保障

友谊可以培养孩子的社会兴趣，让孩子在与人交往的过程中，学会沟通、分享快乐和分担忧愁。假如孩子一遇到困难就被保护起来，只能在小小的自我空间中独自成长，没有同学也交不到朋友，那么他一辈子也学不会为他人利益着想。在他的心里，唯我独尊，做什么事都只会以自我为中心。

友谊的历练能够为婚姻做出准备。通过游戏的方式来训练孩子的合作能力是不错的想法，但也不排除某些游戏会刺激孩子与他人竞争，滋生“一定要超越他人”的念头。最好为孩子找一些可以两三个人便能协作完成的事务，譬如跳舞。莫要以为跳舞毫无价值，实际上此类活动要求两人合作完成，对孩子们会有很大帮助。当然，这里所说的跳舞并非是表演性的舞蹈，而应该是适合孩子们完成的舞蹈类型。

对婚姻的准备充分与否，还能从工作状态中窥见。在结婚之前，人们理应进行一番审视。夫妻两人中至少有一方拥有稳定的工作，才能让生活顺利前行，才有足够的力量支撑家庭。不可否认，良性的婚姻是需要有工作作为保障的。

成功的婚姻

一个人勇敢的程度和合作能力的大小，在其与异性的接触方式中得以体现。人人都有自身独特的态度和方式以及告白时所展现出来的气质,这些都与其生活方式相一致。他是乐观自信、乐于合作，还是自私自利临阵脱逃，甚至会自问：“我给人的印象是什么样的？他们会怎么看我？”这些都是他的恋爱行为方式的再现。

一位男性追求女性时有可能会不慌不忙、小心翼翼，也有可能胆大冲动、死缠烂打。不论何种表现，告白的行为都取决于个人目标和生活方式，并且是其生活方式的另一种表达。从告白的行为中，是无法完全判断出一个人适不适合结婚的，因为此时此刻他有着一个直接目标，但在其他方面却有可能优柔寡断。尽管如此，这还是可以让我们了解到他性格方面的一些信息。

我们的文化（只有在这样的情况下）往往希望男性作为主动方，首先表达爱慕之情。只要这样的传统观念未做出转变，就意味着必须训练男孩学会男性精神——主动、果断、勇敢向前。而只有当他们感受到自己是社会的一员，并将社会利弊视为己任，才能真正收获这些精神。当然，女性也可以告白，也可以主动，只不过在主流文化里，女性被认为理应比男性保守一些，对异性的接近主要表现于她们的仪表仪态、穿着打扮、行为方式和言谈举止之中。总的来说，男性的告白方式相对简单直接，而女性则相对含蓄复杂。

婚姻的生理方面

性吸引是婚姻的必备条件，当然，这需要与人类追求幸福的路径保持一致。如果夫妻双方彼此关注，便不会感到性吸引力会有减弱。如果在性吸引上出现问题，说明彼此感兴趣的程度在下降，不再平等相待和友好合作，也不再牵挂对方的生活状态。有些人大概觉得不至于这么严重，不过是生理吸引削减了，但还是彼此关心的。这绝对不现实。嘴巴可以说谎，大脑可以糊涂，但身体却会很诚实。一旦身体机能出现问题，肯定与心理有关系，夫妻双方不再协调，对对方兴趣索然。至少已经有一方不想承担爱情与婚姻的责任，逃之夭夭了。

人类的性冲动和其他动物不同，是持续的，以保证人类的繁衍和幸福水平。人类也因此才得以生存、发展，并日益壮大，收获幸福。其他生物似乎并没有如此幸运，它们的生存环境危机四伏。譬如卵生动物们繁衍时会产下数量惊人的卵，但并非所有卵都能孵化出生命，有些压根就不会成熟，有些会丢失，有些会遭到破坏。

繁衍后代是人类生存的方式，无可辩驳。在爱情与婚姻里，关注人类幸福的群体通常会很乐意生养孩子，而那些对他人缺乏兴趣的人群，则会对生育表现出抗拒。始终只会索求、奢望，但从不付出的人，怎么会喜欢孩子呢？他们只爱自己，认为孩子是负担，是麻烦，会浪费自己太多的时间和精力，而这些时间和精力更应该花在自己身上。可以肯定，想要处理好爱情和婚姻的难题，生儿育女的决心必不可少，而圆满的婚姻家庭则是养育后代的最佳环境，同样异常重要。

一夫一妻制、辛苦的工作和现实

一夫一妻制是现代社会对婚姻提出的要求，也是解决爱情与婚姻难题的方式之一。走入婚姻殿堂的人们，理应是彼此忠贞、彼此照顾的，也不会轻易动摇，不会轻易逃跑。谁都不愿意看到破碎的婚姻，然而很不幸，人们暂时还无法避免。或许有一天，爱情会成为某种社会功能，每个人都必须承担，大概就能更好地避免婚姻的失败了。

什么样的婚姻容易破碎呢？易碎的婚姻中，双方都有所保留，不去尽力促成达到美满的状态，只是等着别人双手奉上。夫妻双方都这么做，婚姻怎么会不失败。对于爱情和婚姻过于理想化，或视其为故事的欢喜大结局，都是不正确的。两个人缔结婚姻关系后，故事才刚刚开始，双方将要面对生活的新任务以及为社会贡献的新机遇。

事实上，有很多人都会把婚姻看作结束，或者视为最终目标。对于这种观点，我们在无以计数的文学作品中常常能够看到。很多文学作品都会是以主人公的婚姻作为结束，忽视了共同生活才刚刚开启。作者们很喜欢这样处理文字架构，似乎婚姻可以解决一切问题，两个人已经到达彼岸，生活会一帆风顺，永远幸福。其实，爱情本身解决不了任何问题。

婚姻关系里没有什么状况是无法解释的。任何人的婚姻态度都是生活方式的某种表达，因此，只要对一个人有深入的了解，就能看清他的婚姻态度，毕竟他所做的一切努力都与个人目标相吻合。有很多人会逃避婚姻，而拥有这种逃避心态的人，曾经都是被溺爱的孩子。对社会而言，这类人可能有一定的危害性。在他们四五岁的时候，个人生活方式就已经形成，不管遇到什么情况，他们都会问:“能给我想要的东西吗？”如果得不到，他们的生活就失去了目标。他们会说:“如果得不到想要的，活着还有什么意思！”悲观、绝望、想死的心情席卷了他们的内心。他们变得神经质，常常生病，然后从错误的生活方式中得出了错误的社会观。然而，他们对这些错误的观点感到异常满意，认为其重要至极。在他们看来，压抑自己的情绪简直是恶毒的想法。早些时候，他们曾享有一段黄金时期，能够获得所有想要的东西，长大成人之后，他们中还有人会以为哭闹、抗议和拒绝合作能够满足自己的所欲所求，眼中只有自己，只关注自己，从不会放眼去看一看世界和他人。

这些人不懂得奉献，只盼着天上掉馅饼。于他们而言，婚姻不过是件可“出售”可“退货”的东西，他们的婚姻是随心所欲的，尝试性的，极易分崩离析的。婚姻之初，他们就要求享有自由，甚至要求不必忠诚。关心一个人的时候，人们会表现出诚实可靠、值得信赖和愿意负责的态度，如同知己。这些状态如果不能体现在爱情与婚姻中，那么他在生活的第三大问题上，就彻底失败了。

解决婚姻中的问题

可能很多人无法再生活在一起是有原因的，可能对一些人来说，分开会比勉强在一起更好。但这一切又是谁说了算呢？这些人自己都没能懂得婚姻的真谛，爱的只是自己，怎么会享有这样的权力。对于分开这件事，他们会拿出和结婚时一样的态度：“我可以从中得到什么？”

显然，他们说了不算。有很多结婚离婚又复婚的人们，反反复复跌倒在同一个地方。谁能有这样的权力？当一段婚姻告急，是不是应该让精神学家来评判是否允许它分崩离析？美国的情况我不太清楚，但是在欧洲，大多数精神病学家的观点都是，个人感受最重要。于是，当有人咨询婚姻问题时，他们便会给出“去找个情人”的建议，以为这样就能解决问题。我确信，总有一天他们会改变看法，不再给出这样的建议，因为他们对爱情和婚姻的认知十分片面，根本就没有解析到位，更没理解三大生活难题的相互联系。而我一直在强调，这种整体观极其重要。

婚姻并不是解决个人问题的途径，这样理解会造成同样严重的错误。在欧洲，当人们表现出神经过敏的症状，不论是青少年还是成年人，精神病学家都会让他们去找个情人，并发生关系。他们把爱情和婚姻看成了“特效药”，然而毫无疑问，长期服用一定会让人更加茫然。爱情与婚姻完美与否反映人们的人格，这和个人幸福、个人价值和生活意义都密切相关，不容忽视。爱情与婚姻，绝不是针对犯罪、酗酒或神经症的处方药。这些群体只能在做出改变之后，才适于爱情与婚姻。如果错误地将两者联系起来，后果不堪设想。婚姻是值得崇拜的信仰，婚姻难题的解决需要人们付出极大的努力，切不可在忙中添乱了。

当然，还有一部分人结婚的目的并不单纯。可能是因为钱，可能是因为同情，也可能是因为需要一个奴仆——这些情况都是令人无法容忍的。更离谱的是，还有人是为了给自己的困境制造借口才结婚。这些人在学业或工作上都遭遇了重重阻碍，自认为很失败，便企图找一个借口宽恕自己，欺骗他人。他选择结婚。这样一来，婚姻成了他们额外的负担，于是他拥有了“完美”的借口。

婚姻与男女平等

不可否认，爱情问题不可被低估小看，而理应处在重要地位。据我所知，婚姻中处于不利地位的通常是女性。在当今社会，男性显然比女性更轻松，这是错误处理婚姻问题所导致的结果，个人的反抗根本无法克服。身处婚姻之中，个人的反抗不但会影响夫妻双方关系，还会影响彼此的幸福。只有认知到社会的主流态度并做出改变，问题才能得以解决。底特律的拉西教授是我的学生，她做过的一项调研结果表明，百分之四十的女孩都希望自己是男孩，也就是说百分之四十的女孩对自己的性别表示不满。倘若一半的人类都感到沮丧和失望，憎恨自身社会地位，怨恨另一半人拥有更多权力，我们又怎么能解决好婚姻爱情的问题呢？若是女性等待到的只是轻视，认为自己不过是男性的玩物，觉得男性用情不专是正常的，那婚姻爱情的问题还能解决吗？

如上，我们能够做出明确且有用的结论：人类的天性并非要求多夫多妻，也非要求一夫一妻，人类共同生活于地球之上，尽管生而平等，但终究还是分为两性。我们必须着手解决三大生活难题，而上述事实告诉我们，人们若要在婚姻爱情中获得最完美最充分的发展，最佳的保障方式是遵循一夫一妻制。